書山有路勤為徑

學海無崖苦作舟

書山有路勤為徑

學海無崖苦作舟

文經閣

不怕被拒絕

銷售的世界裡不可能沒有拒絕
重點是：你如何看待這次的拒絕

拒絕是成交的開始

鄭鴻◎著

如何面對客戶拒絕

◎加強產品知識及同業資訊
◎強化自身牢而不破的自信
◎學習進退有序的說話技巧

序言

如果你是一個銷售人員，相信你一定會面臨許多被拒絕的情況，這些各種理由的拒絕其實就像是一道鴻溝。如果你在這條鴻溝前望而卻步，面對著即將到來的困難一籌莫展，從而質疑自己，甚至懷疑這份銷售工作的價值，那麼，你在這個行業裡很難有自己的立足之地。但是，如果你可以用自己的耐力、智慧，在遭到拒絕之後逐漸地成長、成熟，那麼，你就可以擁有一份成就你的堅持的事業，從而成為一名偉大的推銷員。

對於擱淺在拒絕上的前者來說，無法讓自己的事業發光無疑是遺憾的。但我們轉念一想，為什麼又有這麼多人會停滯在被拒絕的境況中而無法自拔呢？是能力有限？是不夠堅持？是技巧不足？其實綜合起來無非就是兩點：一是心理障礙，二是綜合素質不足。

從心理障礙來說，很多銷售人員，尤其是初入這個行業的新人，對客戶的拒絕存在著天然的恐懼感。他們害怕自己遭到否定，害怕從客戶那裡得到不友善的目光和言語，害怕主管對自己能力不足的質疑，害怕自己的產品其實並沒有想像中適合客戶……許多

銷售人員在進行工作之前就思慮太多，從而造成了自己的心理障礙。如果出現了這種不自信的狀況，我們又怎麼能夠讓客戶對我們產生信心呢？

從綜合素質來說，許多人把重點放在對產品的瞭解和推薦上，實際上，銷售這個行業更多的是在銷售「人」，如何讓自己對這份銷售事業產生信心？如何保持良好的心態？如何在與客戶交流之前做好完全的準備？如何和客戶建立最初的好感？如何在語言技巧上引導客戶發現自己的潛在需求？如何穩定和強調客戶的需求？如何將客戶的需求和自己產品的屬性對接？如何在最後一刻做出決定性的成交舉動？……這個過程之中，涉及許多豐富的資訊，比如銷售行業存在的或經典或新穎的原則、策略、技巧，比如人與人之間的溝通障礙和心理因素問題，比如銷售人員自己的整體修養、素質、禮儀、形象等，這些都是一個優秀的銷售人員需要考慮的問題。

只有從這兩大點出發，我們才能夠在客戶的拒絕中找到突破口，才能夠採取相應的措施和方法說服客戶，從而達到成功銷售產品的目的。然後，在一次又一次的經驗中進行總結和成長，以此在行銷過程中提升自我、超越自我。

這本《不怕被拒絕》正好針對這些問題，提出了相應的解決策略和方向，正是一本認識拒絕、體察拒絕、化解拒絕、瓦解拒絕，最終促成成交的實用指南。

在本書中，我們按照邏輯思考順序，先帶大家認識什麼是拒絕，分析為什麼客戶會

序 Preface 言

有拒絕的行為，同時，也告訴廣大銷售新人不要害怕拒絕，要勇於面對和承受它，因為在這些拒絕之後隱藏著我們成長的希望和成功的機會。正因為有這些拒絕，我們才能夠思考自己為什麼會失敗，才能夠轉而用更好的銷售技巧完善自己的不足。

同時，書中對客戶的拒絕心理進行了分析，闡明了很多情況下很多客戶其實並非是真心拒絕，他們並非是真的沒有相關產品需求，而是因為銷售人員自身並沒有對此進行發現和引導。在此書中，我們對這些問題進行了相關指導和解決。

之後，從化解、瓦解客戶拒絕直至促成成交的一連串具體原則和策略，都是一些十分具有實用性的使用技巧。

最後，我們再回到銷售人員自身，從心理心態上進行強化，讓個人的銷售能力和綜合水準能夠達到更高的程度，讓這份工作和事業都變成是一種有價值的認知，從而加強銷售人員化「拒絕」為「接受」的能力。這種接受不僅在於客戶對銷售人員自身的接受，更是銷售人員自己接受自己、接受這份事業的證明。

這本書文字通俗易懂，具備了銷售行業最經典的銷售方向、原則、策略等，同時，輔以大量的現實性強的案例，用以方便理解理論知識，是一本十分適合初入銷售行業者閱讀提高綜合銷售水準和素質的讀本。

希望這本書能夠幫助到各位讀者，並能夠解答各位的疑惑！

不要怕拒絕
因為拒絕是成交的開始業績飛升的起點

目 contents 錄

序言 7

第一章 銷售從拒絕開始 19

拒絕是成交的開始／19
經得起真正的拒絕／23
客戶的拒絕就是你要解決的事情／26
做好被客戶拒絕或冷漠相待的準備／30
不因拒絕而止步不前／32
從拒絕中找到機會／35

第二章 面對拒絕，你的內心要更強大 39

銷售不是卑微的行業／39
擺正心態比什麼都重要／42
銷售並不難，難的是堅持到底的熱情／44
時刻保持旺盛的自信心／47
練就「自助者天助之」的強者心態／50

不要消極地看待自己的工作／53
成功與否取決於你下的決心有多大／56
發現自己工作的價值和樂趣／59
挫折時懂得在反省中獲得進步／62

第三章 業績完全是「設計」出來的 67

推銷自己比推銷產品重要／67
充分瞭解產品是銷售前提／71
完善專業知識，做個行家中的行家／74
良好的形象拉近你與客戶的距離／77
社交禮儀是一筆無形的財富／80
學習是提升銷售修養的途徑／84
用心準備銷售工具／87
記住客戶的名字——是小事卻是大事／91
選擇合適的時間和地點拜訪／93
成功的自我介紹是無往不利的敲門磚／97
尋找與客戶的共同話題／99

目 contents 錄

第四章 如何預防而不是去處理客戶的拒絕 103

讓客戶沒有機會說「不需要」/103
客戶比你更好奇/106
用精心設計的提問扼殺拒絕/110
在一開始就激發客戶的興趣/113
巧用「連鎖介紹法」/115
讓顧客感覺物超所值/118
掌控語言的表述順序/121
按照顧客的性格進行溝通/124
告訴客戶「權威」也用你的產品/128
從談話中找到被拒絕的癥結/130
客戶對產品沒熱情才拒絕/134
看清客戶隱藏的購買動機/139
慎用口頭禪/143
謹記十句不該說的話/147

第五章 巧妙化解客戶拒絕

告訴客戶你將帶給他的利益／151
客戶嫌貴時就用數字技巧／153
消除客戶心中的疑慮／156
請教，也是解決銷售難題的方法／160
讓顧客覺得你是有心人／163
以精確資料說服客戶／166
用對比化解客戶心裡的疙瘩／169
學會適時「轉變」客戶需求／172
做好打「長期戰」的準備／175
遇瓶頸時適當用一下幽默／179
適當「讚美」一下客戶／181
不能光只會「說」，還要會「聽」／184
小技巧巧妙化解銷售困境／186

151

目 contents 錄

第六章 十八般武藝瓦解客戶拒絕 191

做好處理拒絕的準備／191
如何應對「沒有時間」的推諉／194
客戶用競爭對手推諉時怎麼辦／197
如何恰當處理客戶的反對意見／200
如何應對客戶的「考慮一下」／204
一次精彩的示範勝過一千句說明／206
要學會用腦子「分析問題」／210
無輪如何都不和客戶爭辯／213
客戶異議既是成交障礙，也是成交信號／217
在客戶猶豫時，幫對方做決定／220
別給反覆的人再拖的機會／223
適當肯定客戶的觀點／225
給客戶留一個懸念／228
最後期限成交法／231
成交時要牢記的金律／234

第七章 把握信號迅速成交

時機成熟時要主動出擊/239
捕捉客戶的肢體語言/242
當客戶有購買意向時，他會怎麼說/247
促成成交的語言技巧/250
把握成交速度/253
使用煽動式催眠話法/255
用重複來加強催眠效果/258
用想像力進行催眠/261
牽動客戶的情感/264
適當地談談題外話/267
應對客戶拒絕的七大心理對策/269
百分之百的客戶都喜歡佔便宜/273
客戶總是在維護自己的利益/276
沒有顧客願意捨近求遠/279

239

目 contents 錄

第一章 銷售從拒絕開始

拒絕是成交的開始

可以說，銷售人員是遭遇拒絕最頻繁的人群，許多初入此行的人容易因挫折而灰心喪氣。這個時候銷售人員最應該做的事情是反省自身，提高銷售技巧。最重要的是，不要被拒絕摧垮，而是要在拒絕之中找到解決問題的辦法，讓成交從拒絕開始。我們只有從拒絕中找到經驗，從拒絕中經歷最糟糕的情況，才能夠對可能出現的拒絕情況做出預期以及找到相應解決措施。所以，經歷拒絕就是成功的開始。

小王是一名普通的推銷員，他入職不久，只和熟人做過幾單小生意。有一次，出於

業務需要，他約了一家大公司的老闆談生意。這次機會很難得，經過多次預約，這位老闆才答應和他見面。如果生意談成，他可以拿到幾十萬的訂單。

自己從來沒有接觸過這種級別的人物，一念及此小王就非常緊張，他生怕會出什麼亂子，遭到對方無情的拒絕。進到對方的辦公室之後，他更是一下子被那裝潢豪華氣派非凡的辦公室震懾住了，以至於見到這位老闆之後，結結巴巴幾乎說不出話來。經過很大努力，他終於結結巴巴地說出來幾句話：「先生……我早就……想見您……現在我來了……啊，卻緊張得說不出話來。」王先生修養很好，一直微笑地看著他。

奇怪的是，他開口承認自己心中的恐懼之後，恐懼卻一下子不復存在了。下面的談話就順利得多了。有過這次偶然的經歷，他學到了一條很管用的小竅門：每次遇到緊張的情況，就自己主動承認，然後緊張就能慢慢消除了。

初入行的銷售人員都可以借鑑這個竅門。尤其不要害怕與大客戶見面，而要把它當成是一種機會。當你遇見一個讓你害怕的大人物時，要直言不諱地承認你的恐懼，將可能會被拒絕的預期拋開，要知道拒絕是成交的開始。

《羊皮卷》上說：「我不是注定為了失敗才來到這個世界上的，我的血脈裡也沒有失敗的血脈在流動。我不是任人鞭打的羔羊，我是猛虎，不與羊群為伍。我不想聽失敗者的哭泣，抱怨者的牢騷，這是羊群中的性情，我不能被它傳染。失敗者的屠宰場不是

我人生的歸宿。從今往後，我每天的奮鬥就如同對參天大樹的一次砍擊，前幾刀可能留不下痕跡，每一擊似乎微不足道，然而，累積起來，巨樹終將倒下。這正如我今天的努力。」

李貴是一名保險推銷員。一開始做銷售的時候，他很敏感，不單是害怕拒絕，哪怕客戶的一句冰冷的話語或一個冷漠的眼神都會讓他感覺如芒刺在背。有一次，他甚至和一個心急氣躁的客戶吵了起來。

由於長期沉浸在這種壓抑狀態中無法自拔，李貴的工作效率很低。雖然工作時間比別人長，也比別人努力，可是銷售成績一直趕不上別人。

他偶然遇到一位銷售界的前輩高手，向對方傾訴自己的苦衷。對方聽到他的事情，語重心長地跟他講了一席話，讓他茅塞頓開、獲益匪淺：

「你的敏感其實是沒有意義的。你想啊，如果一個客戶拒絕了你，你以後就不會再見到這個人。在乎一個不存在的人的拒絕，豈不是很好笑？當然，一次拒絕並不代表就沒有機會。如果你最終得到了這個客戶，那麼之前的拒絕就屬於成功的過程，該值得驕傲才是。你以前之所以銷售成績不好，就是因為對失敗和拒絕想不開，一直耿耿於懷。如果能夠一笑而過，就既能讓自己心情愉快，遺忘那些不開心的事，同時也容易獲得客戶的好感。何樂而不為呢？」

按照定律，80％的銷售拜訪都會以被拒絕告終，原因可能是多方面的。但這並不一定就意味著銷售人員自身或者他所銷售的產品或服務有什麼不好。人們說「不」只不過因為他們不需要，不想要，不能用，買不起或者別的原因。你必須認識到拒絕絕不是針對個人的，拒絕與你個人沒有任何關聯。克服了這兩道障礙，不再害怕失敗，不再害怕拒絕，你就成功了一半。

我們不為了拒絕而悲傷，而是應該將拒絕當成一種客觀存在的實際情況，而這種情況能夠提供給我們很多資訊和認識——為什麼客戶會拒絕？是客戶沒有需求還是我沒有做到位？是這一類客戶都有這樣的問題還是只是這位客戶？我下一次是否需要進行更有效的改進？……而這些都是我們為下一次的成功而做的各種思考。

所以，拒絕是成功的開始，因為我們一旦認識到了拒絕的本質，就可以為拒絕做好準備，就能夠在面對拒絕的同時提出相關的解決方案，就能夠在遭到拒絕之後擺正自己的情緒和心態。這個時候，拒絕提供給我們的是一種經驗的總結，是一種教訓的吸取，是一種為下一次成功而產生的祭奠。

經得起真正的拒絕

很多推銷員在銷售過程中害怕被拒絕，害怕客戶對他們說「不」字。「我們害怕客戶對我們說『不』，我們害怕客戶說他沒有錢、沒有時間、對產品不感興趣……」許多銷售行為的最後結果都是客戶的「不」這個字。你害怕客戶對你說「不」，那麼你害怕自己能夠賺更多的錢嗎？你害怕自己的事業成功嗎？如果你不能勇敢地面對這個問題，也就不可能提高收入，事業也不可能成功。所以，我們要經得起拒絕，要明白哪怕被拒絕也不是什麼大不了的事情。它只是我們的一份工作，我們要做的就是把這份工作盡力做好。

舒斯特是美國保險推銷界的推銷大王。他初次踏入推銷領域時也曾遭遇到不少挫折和困難。但是，一次失敗的教訓帶給他一生中最大的啟示與轉捩點。

有一天，舒斯特到一家工廠拜訪一位老闆。那位老闆正埋頭於工作中，當舒斯特做過自我介紹並且說明來意後，他一副頗不耐煩的樣子，揮揮手說：「推銷保險，我不需要！」舒斯特的自尊心受到嚴重的傷害。

於是，舒斯特一個人漫步於街頭，信步走到一座公園，獨自坐在冷板凳上反省，心想：「自己到底適不適合當推銷員？」

左思右想之下，他越來越對推銷工作感到氣餒。這時候，一聲「哎喲」引起了舒斯特的注意，原來有兩位小朋友在練習溜冰，其中有一位小朋友不小心跌了個四腳朝天，卻見他不當一回事地自己爬起來。舒斯特走上前去問：「小弟弟，你不怕疼嗎？」跌倒的男孩若無其事地回答說：「我只想把溜冰學好，跌倒了，不算什麼，再爬起來就是了。」聽了小朋友的答話，舒斯特深受啟發：一點也不錯，跌倒了，再爬起來就是了，只要肯下工夫，一定能夠成功的！

第二天，舒斯特又前往昨天碰過釘子的工廠拜訪。首先，舒斯特告訴老闆，他是為昨天冒昧的打擾今天專程來致歉的。那位老闆看到舒斯特如此客氣，態度比昨天好多了。因此，舒斯特趁機請教他一個問題：「如果貴工廠的職員在外面遇到了困難便退縮的話，你還用不用他？」這位聰明的老闆立刻明白了舒斯特的言下之意，因此立刻請舒斯特坐下，並且告訴舒斯特，他願聞其詳。

結果，舒斯特成功地拿到了這位工廠老闆的訂單。從此，舒斯特便不斷地告訴自己：「推銷是從拒絕開始的。摔倒了要勇敢地爬起來。」

大多數初入行的銷售人員害怕被客戶拒絕，一旦被人拒絕，他們的自尊心會受到極大的傷害，心靈受到極大的創傷，羞愧得無地自容，感到極度沮喪。有很多銷售員因為不能承受拒絕所帶來的心理壓力，不再從事銷售工作；不少人因為痛恨「難堪」、「失面子」，不得不轉向其他行業發展。只有少數人，由於沒有退路，硬著頭皮挺過來，過了拒絕關。因此，成功的推銷員不但不害怕拒絕，還千方百計與拒絕做頑強的鬥爭。

成功的推銷員都有勇敢無畏的精神，這是因為銷售是勇敢者才能從事的職業。從事銷售活動的人，可以說是與拒絕打交道的人，年輕人要想成為好的推銷員，就必須先學會如何面對閉門羹。

首先，要做好失敗的準備。新從業的推銷員一想到可能會失敗時就會停滯不前。這就是患了「失敗恐懼症」，而「失敗恐懼症」又會引起「拜訪恐懼症」。你要對自己說，最初當然不順利，反覆去做就會變得順利。反覆實踐是走上順利的唯一方法，即所謂反覆10次能夠記住，反覆100次能夠學會，反覆1萬次，就變成職業高手了。

其次，要肯定自我價值。大部分情況下，當客戶說「不」的時候，他並沒有否定你這個人，也並不表示你這個人沒有能力，只是表示你還沒有完全解除他對購買這種產品的抗拒，以及對於購買你的產品可能是一個錯誤的購買決定的恐懼。所以，被拒絕的理由有很多，我們不能都因此歸於自己的錯誤，從而動搖對自身價值的正確認知。我們如果失敗了，就需要從失敗中獲得更好的教訓，但是，我們也需要肯定自己曾經的付出，成功是量變到質變一步一步來的，而每一步都是一個累積。

最後，要學會轉換定義。克服對於失敗及被拒絕恐懼的另一個有效方法就是：定義

失敗和被拒絕實際上都是我們內心的一種感覺。當對方用某種特定的方式對我們做了某些事或說了某些話之後，我們感覺被拒絕了，是這種感覺決定了我們的行為及反應。所以，我們有必要將這種感覺轉換成積極因素。

客戶的拒絕就是你要解決的事情

很多人經常說「我害怕拒絕」，其實是我們忽略了一個事實：沒有一個人會拒絕我們，只是我們所談的角度不是最好的，溝通的角度不是最好的。一個人之所以被拒絕，是因為他的目的過於複雜或者功利，如果我們能做到處處為客戶著想，站在客戶的角度去幫助他，那麼有誰會拒絕幫助自己的人呢？假如你總在想不停地給客戶解決問題，不斷地幫助客戶，就有可能產生更多的客戶。

假如你在門口突然遇到一位老太太，老太太得了急性心臟病，情況非常危急，只有你是醫生，只有你手上有兩顆治療心臟病的藥丸，你跑過去給老太太服用這種藥，害不害怕她拒絕？假如一個人上二樓樓梯，搬了5箱礦泉水，搬不動了，又沒有人幫助他按電梯，你跑過去幫他按電梯，幫助他搬礦泉水，你害不害怕他拒絕？假如有個賣菜的農

民推了一大板車的菜，上一個陡坡上不去，你跑過去出一把力幫他推上坡，你害不害怕被拒絕？不太害怕，是不是？

很多銷售人員的思考路徑沒有形成一個流程，很大一部分人一般到「我被客戶拒絕了」這一個階段就停下了，這個時候，我們其實可以再進一步思考一下——為什麼客戶會拒絕我們呢？是我們的產品和服務不夠好，還是我們沒有滿足到對方的需求點上？

在銷售過程中，我們要帶著這種反思去工作——要解決的事情不是直接把產品推銷出去，而是「客戶為什麼會拒絕我」。每個客戶的拒絕都有不同的理由，所以這也就要求，針對每一個不同的客戶，你所採取的技巧和策略也應有所不同。所以做銷售這一行業，對不同客戶，在不同時間、不同地點，必須用不同的手段。否則，你永遠無法滿足你的客戶，最終你就會被客戶所拋棄。

客戶的拒絕其實說明兩個問題，他不需要什麼，他需要什麼。這也就涉及客戶的需求問題。客戶的需求就是其購買產品的動機，如果沒有達到或者相悖於需求，就是客戶拒絕銷售人員的原因。

所以，這裡我們首先要明確客戶的需求有哪些分類。一般來說，客戶的需求可以分為潛在的需求和明確的需求兩大類。

潛在的需求是指由客戶陳述的一些問題，對現有系統的不滿，以及目前面臨的困難

等。不管這些問題是銷售人員發現的還是客戶發現的，不管客戶同意不同意，對銷售人員來講，它們都算是潛在的需求。作為銷售人員，潛在的需求對銷售人員來說是一個銷售機會。

例如，「我現在電腦速度有些慢」，「我對找不到競爭對手的資料感到很頭疼」，「我們現有的供應商有時供貨不及時」，這都是客戶對他的問題的描述，這就是潛在的需求。

明確的需求是指客戶主動表達出來的要解決他們問題的願望。客戶表達明確需求的用語主要有：「我想……」，「我希望……」，「我要……」，「我正在找……」，「我們對……很感興趣」，「我期望……」，「我想要解決我的這一問題」，「我們對伺服器的實用性要求很高」。

當滿足客戶需求的時候，還涉及心理預期的問題。簡單地說，你滿足了客戶的需求，同時也必須滿足客戶的心理預期，這樣才能夠建立一種長久的合作關係。比如，你向客戶推薦一種產品，這種產品剛好客戶需要，這個步驟就是滿足客戶的需求。但是，更進一步就是，這個產品給客戶用了之後的效果到底是怎樣的，客戶會認為這個產品是好用還是不好用，客戶想要達到一個什麼效果。這個步驟就是對客戶心理預期的滿足。這一點上，寶潔公司做得非常到位。

大名鼎鼎的寶潔公司在中國市場佔有份額最大和最受中國老百姓喜愛。寶潔公司成

功的關鍵在於，其產品能夠以情入手，在消費者普遍開始關注健康生活的時候，將健康的生活方式、全新的健康理念和可信的健康用品帶到消費者身邊。

寶潔公司推出的健康生活理念深入人心，向人們發出了善意的問候：「你洗頭了嗎？我們推出的洗髮乳是最適合您用的洗髮乳」；「你會洗頭嗎？我們告訴你正確的洗頭方法」；「你洗得好嗎？我們來指導你如何使用護髮乳」；「你有頭皮屑嗎？我們的洗髮乳能夠幫你去除頭皮屑」。

這一連串宣傳主題的背後體現的是寶潔公司對消費者心理期望的把握。寶潔似乎每天都在考慮我們如何更好地生活，在獲得經濟效益的同時，獲得的社會效益也是空前的，更是長遠的。

寶潔公司的成功不是偶然，而是充分掌握了消費者的心理，滿足了消費者的心理期望。

銷售員應該明白，顧客的需求不同，心理期望值就會不一樣。我們常常講，顧客就是上帝。滿足顧客的心理期望，盡可能地從為顧客解決問題的角度著手進行推銷，對銷售員行銷成功是非常重要的。

做好被客戶拒絕或冷漠相待的準備

銷售溝通就是銷售人員與客戶之間的一場心理博弈。要想在這場心理博弈中取勝，就必須具備一個良好的心態，在溝通之前做好被客戶拒絕或是對方冷漠相待的心理準備，讓自己充滿自信。現在我們來看一下下面兩個案例的對比：

業務員小李由於遭受過多次客戶的拒絕，積極性受到了打擊，於是他對電話溝通產生了消極情緒。有一次他很不情願地拿起了電話，電話撥通了。

接線人：「你好，找哪位？」

小李（有氣無力地）：「我找一下你們張經理。」

接線人：「你是哪裡，找我們經理有什麼事嗎？」

小李：「我是××公司李不凡，有工作上的事情想與他溝通一下。」

接線人：「你有什麼事就直接跟我說吧，我們經理有事出去了。」

小李（如釋重負）：「那就算了吧！」

很明顯，小李的這種情況是對拒絕沒有做好準備，他沒有在事先做好被對方拒絕或者是漠視的準備。所以，他也就沒有事先做好相應的應對方案，在沒有相應拒絕應對方案的情況下，銷售的溝通多數是不會成功的。對小李本人來說，他對這次的溝通也是採

取消極的態度，沒有自信可以贏得這個顧客，只是把銷售這個行為當成一種任務，卻對任務最終的完成效果沒有做出積極的預期和反應。對小李來講，這是一次典型的失敗的溝通。

從某種意義上講，銷售溝通就是與客戶之間的一場心理博弈。要想在這場心理博弈中取勝，就必須具備一個良好的心態，這樣也才能形成一種良好的循環。你要將客戶的拒絕想成理所當然的事，然後考慮為什麼客戶會直接拒絕——那就是客戶覺得你不夠好或者你沒有滿足他的需求，到了這一步，你要做的事情就清晰起來，那就是讓自己顯得足夠好、實力足夠強大，同時能夠滿足對方的需要。這個思考過程看似簡單，其實是一種責任心的表現。這個時候，你需要具備一個良好的心態，要擺正自己的位置，要真正理解你所做工作的意義，尤其在與客戶做溝通的時候要有技巧。

在溝通之前沒有做好被客戶拒絕或是對方冷漠相待的心理準備，我們就會很容易失去自信，所以在溝通以前做好心理準備是非常必要的。其中最重要的一點就是擁有自信心，如果失去了自信心，你往往會產生消極的情緒，進而把這種情緒傳染給對方，從而形成一種惡性循環，導致溝通的失敗。

同時，你在與客戶溝通的時候，不能有半點不耐煩，因為他們並不瞭解你與你的產品，也不瞭解你的服務，對你態度冷淡是自然的反應。但你表現出的自信，客戶是能感

覺得到的。

不因拒絕而止步不前

作為一個推銷員，被客戶拒絕是難免的，對新手來說也是比較難以接受的，但是再成功的推銷員也會遭到客戶的拒絕。問題在於優秀的推銷員認為被拒絕是常事，並養成了習慣吃閉門羹的氣度，他們經常抱著被拒絕的心理準備，並且懷著征服客戶拒絕的自信，以極短的時間完成推銷。這樣下去，所遇到的真正拒絕就會越來越少，成功率也會越來越高。其實，要想真正取得推銷的成功，就得有在客戶拒絕面前從容不迫的氣魄和勇氣，不管遭到怎樣不客氣的拒絕，推銷員都應該保持彬彬有禮的服務態度，不管在什麼樣的拒絕下都應毫不氣餒，絕不止步不前。

齊藤竹之助遭拒絕的經歷實在是太多了。有一次，靠一個老朋友的介紹，他去拜見另一家公司的總務科長，談到生命保險問題時，對方說：「在我們公司裡有許多幹部反對加入保險，所以我們決定，無論誰來推銷都一律回絕。」

「能否將其中的原因對我講講？」

「這倒沒關係。」於是，對方就其中原因作了詳細的說明。

「您說的的確有道理，不過，我想針對這些問題寫篇專文，並請您過目。請您給我2周的時間。」臨走時，齊藤竹之助問道：「如果您看了我的文章感到滿意的話，能否予以採納呢？」

「當然了，我一定向公司高層建議。」

齊藤竹之助連忙回公司向有經驗的老手們請教。又接連幾天奔波於商工會議所調查部、上野圖書館、日比谷圖書館之間，查閱了過去3年間的《東洋經濟新報》、《鑽石》等有關的經濟刊物，終於寫了一篇很有把握的論文，並附有調查圖表。

2周以後，他再去拜見那位總務科長。總務科長對他的文章非常滿意，把它推薦給總務部長和經營管理部長，進而使推銷獲得了成功。

齊藤竹之助深有感觸地說：「推銷就是初次遭到顧客拒絕之後的堅持不懈。也許你會像我那樣，連續幾十次、幾百次地遭到拒絕。然而，就在這幾十次、幾百次的拒絕之後，總有一次顧客將同意採納你的計畫。為了這僅有一次的機會，推銷員在做著殊死的努力。推銷員的意志與信念就顯現於此。即使你遭到顧客的拒絕，還是要堅持繼續拜訪。如果不再去的話，顧客將無法改變原來的決定而採納你的意見，你也就失去了銷售的機會。」

你要相信生命的獎賞只會高懸在旅途的終點，你永遠不可能在起點附近找到屬於自己的鑽石。也許你不知道還要走多久才能成功，而且當你走到一大半的時候，仍然可能遭到失敗。但成功也許就藏在拐角後面，除非拐了彎，否則你永遠看不到成功近在咫尺的景象。所以，要不停地向前，再前進一步，如果不行，就再向前一步。事實上，每次進步一點點並不太難。或許你這次考試只有50分，而你的目標是90，那麼要求下一次就得到90分，顯得不切實際而且太殘酷了，但是如果要求你得到55分或者60分，並不是太難。你每次只需要比上一次好一點點，那麼成功就越來越近。

從現在開始，你要承認自己每天的奮鬥就像一滴水，或許明天還看不到它的用處，但是總有一天會滴水穿石。所以，你不能在遇到一些拒絕上的難題的時候就止步不前，因為當你面對一份推銷工作的時候採取退縮的態度，那麼難道每一次都用這樣的態度工作嗎？那麼，你不僅僅是在銷售行業，在哪一個行業都無法獲得成功。你要抱持的態度是——我想辦法做好準備，我想辦法完成任務，我想辦法應對甚至是扼殺客戶的拒絕，讓對方成為一次或者是長久的客戶。

每個人都必然會面臨失敗，但是在勇者的字典裡不允許有放棄、不可能、辦不到、沒法子、行不通、沒希望這類愚蠢的字眼。你可以失敗，也可以失望，但是如果真的還想成為優秀的推銷員的話，請記住你已經不再有絕望的權利！你需要辛勤耕耘，或許必

須忍受苦楚，但是請你放眼未來，勇往直前，不用太在意腳下的障礙，在哪裡跌倒，就在哪裡爬起來。要相信，陽光總在風雨後。

作為推銷員，你應該牢牢記住那個流傳已久的平衡法則，不斷鼓勵自己堅持下去，因為每一次的失敗都會增加下一次成功的機會。這一刻顧客的拒絕就是下一刻顧客的贊同。命運是公平的，你所經受的苦難和你將會獲得的幸福是一樣多的。今天的不幸，往往預示著明天的好運。要知道，或許命運就是這樣，你一定要失敗多次才能成功。

從拒絕中找到機會

推銷員經常會遇到「不」，面對顧客的拒絕，如果你扭頭就走，你一定不是一個優秀的推銷員。優秀的推銷員都是從顧客的拒絕中找到機會，最後達成交易的。

有位很認真的保險推銷員，當客戶拒絕他時，他站起來，拎著公事包向門口走去，突然他轉過身來，向客戶深深地鞠了一躬，說：「謝謝你，你讓我向成功又邁進了一步。」

客戶覺得很意外，心想：我把他拒絕得那麼乾脆，他怎麼還要謝我呢？好奇心驅使

他追出門去，叫住那位小夥子，問他：為什麼被拒絕了還要說謝謝？

那位推銷員一本正經地說：「我的主管告訴我，當我遭到40個人的拒絕時，下一個就會簽單了。你是拒絕我的第39個人，再多一個，我就成功了。所以，我當然要謝謝你。你給我一次機會，幫我加快了邁向成功的步伐。」

那位客戶很欣賞小夥子積極樂觀的心態，之後又接觸了幾次，覺得對方是個值得信任的人，最後決定向他投保，還給他介紹了好幾位客戶。

就像案例中的保險推銷員一樣，看似是放棄了這個客戶，其實，他最後的行為還是一種變相的對客戶的挽留，他仍然堅持著對客戶展現自己的專業素質，最後，客戶的確被他的真誠打動了。這就是銷售員在最後一刻都不能忘記從拒絕中找到自己的成功機會。

所以，即使到看似無法挽回的地步，也不要就這麼放棄而止步不前。面對客戶的拒絕，我們可以選擇執著，也可以選擇以退為進，更有技巧地對客戶進行說服挽留。

首先，把打開的資料合起來，將工具一一收拾好。這時候動作一定要緩慢，除了極特殊的一些人之外，大多數人不會催你，因為你已經順從他或她的意志了。一邊收拾，一邊輕聲嘆息：「太遺憾了，這麼好的東西（方案），你不要……」顯示你對商品（方案）的強烈信心，對對方未能擁有商品（方案）表示惋惜。

其次，再把收拾好的資料、工具一一放進包（箱）中，繼續說：「現在不要，以後還不一定能要呢！你現在不馬上決定，真是太可惜了……」這時候的語速稍微加快，聲音也稍稍提高，又一次表達你對商品的信心的同時，製造一種緊迫感，強調此時不要，以後不一定能要成，進行一次強力促成。

如果對方仍無動於衷，就把包（箱）放到左手邊，擺出一副立即要中止商談的架勢，趁對方略微放鬆的一瞬間，突然換一個角度，再進行一次情感觸動。比如，講一個能夠讓人有所觸動的故事或者經歷等。

若是還不見效，就要真的中止商談了。把筆插進口袋，站起身，向對方伸出右手（如果你在別人的地盤上，這時候左手拎起包或箱），微笑著說：「跟你交談，真是一件愉快的事情。下次再好好談一談，彌補這次的遺憾。」充分顯示你並沒有把商談的成敗得失放在心上，而是喜歡和對方這個人打交道。同時，又爭取到了下次面談的機會。有些高手甚至能做到當場敲定下次面談的時間。

握手告別後，如果你在別人的地盤上，需要離開商談場所，轉身的動作要乾脆俐落，與前面的慢聲細語形成鮮明的對照，給人留下深刻的印象。轉身後別忘記挺胸抬頭，使脊背直起來，給對方留下一個美麗的背影，垂頭喪氣是萬萬要不得的。對於新入行的推銷員來說，只有時刻保持自信和較高的職業素養，才能從拒絕中找到成功的機會。

第二章 面對拒絕，你的內心要更強大

銷售不是卑微的行業

由於人們對推銷員的認知度比較低，導致推銷員在許多人眼中成為騙子和喋喋不休的糾纏者的代名詞，從而對推銷產生反感。這不僅給推銷員的工作帶來很大不利，而且也在潛移默化中讓有些推銷員自慚形穢，甚至不敢承認自己推銷員的身分，讓他們工作的開展更加艱難。這種尷尬，即使是偉大的推銷員在職業生涯的初期也無法避免。

其實，對於銷售人員來說，不管是高層的銷售經理，還是底層的業務代表，其所從事的銷售工作，都是有著深刻意義的。我們都是在發揮自己的才智和能力，以此幫助需

要某樣產品或者服務的人認識到這個對他們真正有用的行業。我們以此來建構自己的經濟價值，以此來擁有一份工作或者是事業，這都是我們為了夢想而不斷努力的過程，這又有什麼卑微的呢？

所以，既然從事了這份工作，我們要想的就不是如何擺脫它，否則，一開始就不要選擇它。既然選擇了它，就一定要投入全部的精力，這樣才能夠獲得相應的回報。那種一入這一行就想著要成為百萬富商的不切實際的想法是應該拋卻的。人的成功不在於從事什麼職業，而在於自己是否在這個職業中能夠發光發熱。

張磊、徐然、董橋三個人是一家公司新聘的員工，他們同時進公司，同時被分配進了銷售部門。雖然成為同一個部門的同事，但是3個人的表現是截然不同的。

張磊將這份銷售工作當成是一種事業，他是真的想要在這個行業幹出一些大事來，所以，他對自己的工作有著十分合理科學的規劃和準備，他打算從基層開始做起，一步一步地走到自己預計的位置。所以，從整個精神方面來說，他的狀態十分好。工作起來非常有動力和幹勁，似乎能夠從這份工作中感受到無盡的樂趣。他也吃過虧，也碰過一鼻子灰，但是，過幾天又會恢復成原本那個精力充沛的他。他覺得這份銷售事業值得自己做好、做大，他也對自己充滿了信心。

而徐然雖然對這份工作也有熱情，做事也很踏實，但是，他過於想要得到出色的表

現，過於想要即刻得到上司的賞識和重視，過於急切地想要得到高於自己能力的勞動回報。雖然他平時的表現都不錯，但是偶爾也會開小差，有時候偷懶不工作，想要休息一下，但是，總體上，他對自己還是比較嚴格要求的。

而董橋在3個人中表現則是最差的，因為他來這個公司完全只是為了暫時找一份餬口的工作，僅僅只是為了謀生而已。而且，當時他並不知道自己要被分配到銷售部門，所以，他對這份工作並不是十分滿意。每當老員工帶著他出去一起幹活的時候，尤其是去一戶戶拜訪客戶，有時候又被客戶拒絕的時候，他就覺得十分丟臉，似乎這樣一份工作顯得人十分卑微。所以，很多事情，他只是按照章程來辦，並沒有多想辦法解決工作中遇到的問題。

10年過去了，3個人的境況大不相同。張磊因為能力過人、業績突出，一路升職，現為最初應聘的那家公司的銷售總裁；徐然後來跳槽，被一家公司聘為銷售部經理；而董橋卻一事無成，依然落魄，沒有一點成就。

從事銷售工作並不丟人，它只不過是一種職業，只要放下自己的架子和面子，擺脫虛榮心理的束縛，品嘗到銷售成功的時刻就不遠了。

「相信自己，你也能成為推銷贏家。」這是布萊恩．崔西的一位朋友告訴他的，布萊恩．崔西把它抄下來貼在案頭，每天出門前都要看一遍。後來，他的願望實現了。每

一個有志於成為傑出推銷員的你，不妨也在心中刻下一些話，不斷激勵自己：

——遠離恐懼，充滿自信、勇氣和膽識；

——不要當盲從者，爭當領袖，開風氣之先；

——避談虛幻、空想，追求事實和真理；

——打破枯燥與一成不變，自動挑起責任，接受挑戰。

無論任何時候，你都要給自己一個理由，相信自己可以成為推銷贏家！總有一天，你也會像布萊恩．崔西那樣成為一名傑出的推銷員。

擺正心態比什麼都重要

在銷售過程中，心態是一個大問題，尤其是銷售行業的新人。這個時候的心態建立就是一種基調，就是一種在之後的銷售工作中為人處世的風格，心態好，那麼整個人的氣場和給客戶帶來的感染力就不一樣。如果總是對自己的職業有所質疑，認為自己所做的事情沒有任何意義，總是容易受到客戶拒絕的影響而無法及時調整情緒，那麼，這個工作就無法給予自己快樂，只能夠留下任務沒有完成的痛苦。所以，銷售員在入行

的時候，就要開始培養自己的心態基調。

首先，不要害怕銷售工作中遇到的困難，而要及時思考和反省。

在銷售中遇到困境是不可避免的。但是，困境中往往也埋藏著機遇，因為困境會提醒我們需要改進的地方。與其探求別人成功的秘訣，不如多問問自己失敗的原因。很多時候，我們並不是找不到改進工作、提升自我的方法，而是缺乏反省與思考。如果我們能那樣勤於思考，又何愁找不到業績不高的「病因」，然後對症下藥呢？有時人們覺得無路可走，往往是因為不敢想、不去想，而非其他。銷售中遇到困難很正常，很多銷售都伴隨著巨大的困難，但這些困難會使銷售員更強大，也為銷售員的下一輪挑戰增長見識。

其次，一定要保持對這份工作的熱情，保持對銷售的欲望。

銷售員總是會感到有一些微妙的東西存在，這些東西對他的銷售能力有重大的影響，只是這些東西若隱若現，難以琢磨。心理學家的大量研究發現，人的社會性動機其實就是這樣的因素。很多銷售人員一遇到困難，就想：「我不行了，我看還是算了吧。」不言而喻，他們失敗了。而成功的銷售員時刻保持對工作的熱情和銷售的欲望，擁有要銷售出去的信心，會千方百計地去銷售。

欲望是行動的最佳動力，你首先得有賺錢的欲望、銷售的欲望，才有進取的動力。

如果每天都得過且過、消極應付的話，那你的銷售前景和銷售業績肯定是令人擔心的。無論用何種方式、何種激勵，我們都要努力增強自己的銷售欲望。

最後，哪怕推銷的人身分地位比較高，也不需要畏畏縮縮，而應該不卑不亢。卑躬屈膝的推銷，不但會直接影響你的形象和人格，而且會使你所推銷的產品貶值。畏畏縮縮、唯唯諾諾的銷售員，不可能得到客戶的好感，反而會讓客戶非常失望。因為你的表現證明你不是一個光明正大的人，是個不可信賴的人，那麼他對你所推銷的產品就更不可能相信了。

優秀的銷售員要有敢於向大人物推銷的勇氣。如果你總是逃避，害怕拒絕，不敢去做你害怕的事情，不敢去害怕去的地方，不敢見大人物，那麼機會一定不會因為你害怕而光顧你。

銷售並不難，難的是堅持到底的熱情

如果銷售人員推銷過一次就可得到買的答覆的話，也就用不著推銷員這個行業了。不厭其煩地跑的話，客戶起碼會為你的工作熱情所動：「既然這樣，就聽聽您怎

樣說吧。」只要有這態度。就算有了突破口。堅持到底的熱情是支撐我們在銷售領域摸爬滾打的精神支柱。

1965年，理光公司推出重氮複印紙，這意味著複印已不再僅僅是顯像，它已具備可以進行雙面複印的功能，這就使濕式電子理光影印機逐漸走入市場。

田中道信接到銷售任務後就開始邁開雙腳，不辭辛苦地推銷。因為那個時候為買一台影印機專程到店裡來的人很少，因此，如何多設幾家代理店，擴大銷售網就成了一大課題。

田中道信認為，做銷售不肯運動雙腳是不行的。同一個客戶，人家跑了3趟，你就應想到要跑5趟，必須要有這股拚勁兒。寧願白跑、空跑，不豁出去跑是做不好銷售的。吃了幾回閉門羹就灰心喪氣可不行，如果你有時間為吃閉門羹而垂頭喪氣，倒不如把這時間花到開動腦筋上去。

田中道信揣著很多名片滿懷熱情地跑銷售，吃閉門羹的時候，他就會留下一張名片，上面寫著：「我來拜訪過，不巧您很忙不在辦公室，失禮了。」這句話往往會收到比面談還要好的效果。這樣反覆幾次之後，客戶就會主動對你說：「麻煩你跑了那麼多趟，實在對不起。」這個時候田中道信就開始抓住這個機會進攻。田中道信在銷售時總是滿懷熱情，他甚至有過跑了10次才見到決策人的體驗。

哲學家愛默生說：「熱情是事業成功的基礎。」熱情像發動機，能使一個人充滿自信、激勵鬥志、鼓足勇氣、發揮潛能、超越自我。熱情會使悲觀主義者變成樂觀主義者，使懶惰的人變成積極向上的人。

業務員要滿腔熱情地對待工作，熱情得像太陽，能活躍氣氛、溫暖人心、融化客戶的冷漠拒絕、喚起客戶的信任和好感。熱情的人朋友多，熱情的銷售人員客戶多。世界著名推銷大師齊格拉說得好：「你會由於過分熱情而失去某一筆交易，但也會因為不夠熱情失去100次交易。」

同樣在進行銷售溝通時，也應該讓每一個與你交流的人都感受到你服務的親切與熱情。電話行銷人員尤其應該如此，因為所有的客戶，他們對業務人員都有一種本能的抗拒，因為他們在購買商品時會擔心自己做錯了決定，他們本能地會對你產生懷疑或是根本不讓你知道他真正想要的是什麼。因此，當他們聽到一個熱情的聲音努力讓他們明白所需要的是什麼，並且讓他們知道做了一個正確的決定，他們才會真正讓你知道自己的真正需求。

客戶至上，服務至上。今天的熱情並不再是一種單純意義上的熱情，它同時代表一種服務意識。熱情與否，實際代表服務態度好壞與否。事實上，你的熱情會吸引忠誠的客戶，他們願意為你的產品和服務做免費宣傳和介紹，如此循環下去，你的事業才會有突飛猛進的發展。

時刻保持旺盛的自信心

做銷售這一行，由於經歷的拒絕和打擊比較多，所以，特別容易在自信心上受挫，這就造成了一種外在的自卑因素。同時，心理學家阿德勒認為，每個人都有先天的生理或心理欠缺，這就決定了每個人的潛意識中都有自卑感存在。處理得好，會使自己超越自卑而尋求優越感，但處理不好就將演化成各種各樣的心理障礙或心理疾病。這就是內在的自卑因素。這種情況之下，很容易讓銷售人員，尤其是沒有經驗的新人認為，自己所做的工作是沒有意義的，自己現在做的事情是沒有價值的，長此以往，就真的可能摧毀了一個人的自信。

陳光是一家防毒軟體公司的銷售員，上班第一天他信心百倍地向客戶銷售防毒軟體，可是好幾天過去了，卻毫無進展，一套都沒賣出去，還受了一肚子氣。一個星期後，陳光向部門經理訴苦：「經理，在那家公司銷售是不可能完成的任務，他們對我的態度太差了。我在想，是不是我根本不適合銷售這個行業？要不，你把我調到其他部門吧。」

經理耐心地聽他說完，鼓勵他說：「每個人都會經歷這個階段的，你不要這麼快就懷疑自己，我覺得你還是很有潛力的。為什麼不再試一試呢？要相信自己。」

第二天，陳光抱著嘗試的心態又去那家客戶公司，他謹記部門經理的話，告訴自己要爭取向每一個人銷售的機會。可是，在和客戶談話的過程中，他腦袋裡還是不停地閃現一個念頭：「我不適合做銷售員，再努力也成功不了的。」他越來越沒有了信心，沮喪地離開了那家公司。

其實，銷售工作和其他的行業一樣，都有自己的存在價值，這是不可否認的。很多人說，怕被客戶拒絕，其實害怕被客戶拒絕也和你的自信心有關係，你的自信心越強，對被客戶拒絕的恐懼就越小。作為一名推銷員，你必須從以下四方面著手來培養自己的信心：

1.確信你的工作對客戶有貢獻

作為一位專業的推銷員，第一個信念就是：確信自己能提供對客戶有意義的貢獻。如果你的心中沒有這種信念，你是無法成為一流推銷員的。

2.積極與熱忱

你的第二個信念是只要你做一天的推銷員，積極與熱忱就是你的本能。本能是一種自然的反應，是不打折扣的，是不需要理由的。積極與熱忱是會感染的，你不但能將積

極、熱忱傳播給你的客戶，同時也能將你此刻的積極與熱忱傳染給下一刻的你。因此，每天早上起來的第一件事就是要告訴自己：積極、熱忱！

3. 磨練意志力

通常，推銷員進行隨機拜訪時，要面對50次以上的「不需要」、「沒預算」、「不喜歡」、「太貴」的拒絕才會產生一個可能購買的客戶，你若是沒有堅強的意志，是很容易被擊垮的。

4. 學會讚美自己和鼓勵自己

銷售員得到的讚美機會很少，更多的是要面對客戶的責難、譏諷、嘲笑。沒有人為你喝彩時，你要學會自己給自己鼓掌，學會讚美自己，堅強地面對一切挑戰。你還要不斷地鼓勵自己，使自己的心理始終處於一種積極的狀態，這樣就可以讓你從失敗的境地走出，從而勇往直前。你要經常對自己說：明天會更好，我總會成功的。

練就「自助者天助之」的強者心態

生活中，很多推銷人員一遇到困難，他們總是想：「我不行了，我還是算了吧。」不言而喻，他們失敗了。成功者遇到困難，仍然保持積極的心態，用「我要！我能！」「一定有辦法」等積極的意念鼓勵自己，於是便能想盡方法，不斷前進，直到成功。

「自助者，天助也」，這是一條屢試不爽的格言，它早已被漫長的人類歷史進程中無數人的經驗所證實。自助的精神是個人真正的發展與進步的動力和根源，它體現在眾多的生活領域，成為國家興旺強大的真正源泉。從效果上看，外在幫助只會使受助者走向衰弱，而自強自立則使自救者興旺發達。

約翰・內斯出生於1932年。他在出生的時候發過一次高燒，結果導致他患上了大腦神經系統癱瘓，這種紊亂嚴重影響了他的說話、行走和對肢體的控制。他長大後，人們都認為他肯定在神智上還存在著嚴重的缺陷和障礙，州福利院將他定為「不適於被雇用的人」。專家們說他永遠都不能工作。

約翰能取得日後的成就應當感謝他的媽媽，她一直鼓勵約翰做一些力所能及的事情。

她一次又一次地對約翰說：「你沒問題的，你能夠工作、能夠獨立。」

約翰受到媽媽的鼓勵後，開始從事推銷員的工作。他從來沒有將自己看作是「殘疾人」。開始時，他向福勒刷子公司提交了一份工作申請，但該公司拒絕了他，並說，他根本無法完成該公司的業務。幾家公司都做出了同樣的判斷。但約翰堅持下來，他發誓一定要找到工作，最後懷特金斯公司很不情願地接受了他，同時也提出了一個條件：約翰必須接受沒有人願意承擔的波特蘭、奧根地區的業務。雖然條件非常苛刻，但畢竟是個機會，約翰欣然接受了，約翰終於堅定地在自我的道路上邁出了第一步。

38年來，他的生活幾乎重複著同樣的路線，他一直堅定地走著自己的道路。

每天早上，在他工作的路上，約翰會在一個擦鞋攤前停下來，讓別人幫他繫一下鞋帶，因為他的手非常不靈巧，要花很長時間才能繫好；然後在一家賓館門前停下來，賓館的接待員幫他扣上襯衫的釦子，幫他整理好領帶，使約翰看起來更體面一些。不論颳風還是下雨，約翰每天都要走10英里，背著沉重的樣品包四處奔波，那隻沒用的右胳膊蜷縮在身體後面。這樣過了3個月，約翰敲遍了這個地區的所有家門。當他做成一筆交易時，顧客會幫助他填寫好訂單，因為約翰的手幾乎拿不住筆。出門14個小時後，約翰會筋疲力盡地回到家中，此時他關節疼痛，而且偏頭痛還時常折磨著他。

一年年過去了，約翰負責的地區和家門越來越多地被他打開了，他的銷售額也漸漸

地增加了。24年過去了，他上百萬次地敲開了一扇又一扇的門，最終他成了懷特金斯公司在西部地區銷售額最高的推銷員，成了銷售技巧最好的推銷員。

在堅定的自我奮鬥的路上，約翰獲得了巨大的成就。

約翰沒有因為自身缺陷而自怨自艾，而是透過自身的努力，為自己開闢了一條「星光大道」。一個在心靈上處於被動奴化狀態的人是不可能僅僅靠別人的幫助就能改變自己的命運的。如果約翰不是一個擁有強者心態的自助者，他不可能成為銷售額最高的推銷員，而會一直生活在自己殘疾的陰影下，甚至有可能還要靠他媽媽來養活他。其實一個人只要相信並充分依靠自己的力量，自立自強，便沒有克服不了的困難。

成功學始祖拿破崙•希爾說，一個人能否成功，關鍵在於他的心態。成功人士與失敗人士的差別在於成功人士有積極的心態；而失敗人士則習慣於用消極的心態去面對人生。我們從來沒有見過持消極心態的人能夠取得持續的成功。即使碰運氣能取得暫時的成功，那成功也是曇花一現，轉瞬即逝。

所以，豁達積極的強者心態實際上就是一種信念——相信自己，相信自己成功的能力。只有自己相信才能讓別人相信，才能讓別人看到一個樂觀、自信的推銷人員，他們才願意買你的產品，因為是你的心態影響了他們的購買欲望。

不要消極地看待自己的工作

我們既然選擇了銷售這種職業，就應該全身心投入進去，用努力換取應有的回報，而不應該因為對當下的工作不滿意而每天消極地應付，渾渾噩噩，悲觀地認為自己所做的都是無用功。我們要認識到自己的價值和自己工作的價值，走腳下的路的同時，也要把目光望向長遠。

當今頂尖成功學家布萊恩．崔西也是一名傑出的推銷員。在從事推銷工作之前，布萊恩．崔西是一位工程師，當他放棄舒適的工程師工作，成為一名推銷員後，體會到一種前所未有的挫敗感，因為那時人們普遍對推銷員有一種排斥心理，初入行的新手根本不知道該如何化解客戶的這種情緒。

有一次，布萊恩．崔西向一位客戶進行推銷。儘管這位客戶是一位朋友介紹的，但當他們交談時，布萊恩．崔西仍然能感受到對方那種排斥心理，這個場面讓他非常尷尬。「我簡直就不知道是該繼續談話還是該馬上離開。」布萊恩在提到當時的情景時說。

後來，一個偶然的機會，布萊恩．崔西發現自己挫敗感的根源在於不敢承認自己推銷員的身分。認識到這個問題後，他下決心改變自己。於是，每天他都滿懷信心地去拜訪客戶，並坦誠地告訴客戶自己是一名推銷員，是來向他展示他可能需要的商品的。

「我曾經在歐洲參加過一個研討會，並進行了推銷講座，那時遇到的最大阻力就是人們對推銷員的認知極低，人們對推銷工作以及推銷員非常冷漠，甚至缺乏應有的尊重，而在其他許多國家也同樣存在著這種情況。」布萊恩．崔西承認當時的事實，但並不代表他會因此屈服。

「在我看來，人們的偏見固然是一大因素，但推銷員自身沒有朝氣，缺乏自信，沒有把自身的職業當作事業來經營是這一因素的最大肇因。」布萊恩．崔西說，「其實，推銷是一個很正當的職業，是一種服務性行業，如同醫生治好病人的病，律師幫人排解糾紛，而身為推銷員的我們，則為世人帶來舒適、幸福和適當的服務。只要你不再羞怯，時刻充滿自信並尊重你的客戶，你就能贏得客戶的認同。」

同時，布萊恩．崔西還提到了另一個因素——心態問題。比如看到一個杯子裡裝有半杯水，悲觀的人會說：杯子裡面只有半杯水。而樂觀的人並不這樣認為，他會說：還好，裡面還有一半水。雖然他們描述的是同一件事物，但前者的態度是失望，後者則是充滿希望。

「樂觀者在每次困境中都可以看見轉機，而悲觀者卻在每次機會中發現困境。」布萊恩．崔西說，「毫無疑問，一名樂觀者往往比悲觀者成功的機會大得多。」

「現在就改變自己的心態吧！大膽承認我們的職業！」布萊恩．崔西呼籲道，「成

功永遠追隨著充滿自信的人。我發現獲得成功的最簡單的方法，就是公開對人們說：『我是驕傲的推銷員。』」

銷售應該被看作一種服務性的職業，銷售員在給客戶帶來方便的同時，也可以從中獲得客戶的認可和尊重。對於銷售工作來講，各種各樣的挫折和打擊是在所難免的。你要從另一個角度看待這個問題，只有在征服困難的過程中才能戰勝悲觀，才能讓一個人獲得最大的滿足。

成功只屬於有準備的人。銷售員要明白自己不僅是在為老闆工作，還是在為自己的未來工作。一分努力，一分收穫。唯有努力工作，方有可能贏得尊重，並進而實現內心的價值感。即使自己的工作很平凡，也要學會在平凡的工作中尋找不平凡的地方。工作中無小事，並不是所有人都能把每一件簡單的事都做好，能做到的人絕對不簡單。」

成功與否取決於你下的決心有多大

很多推銷員害怕顧客的拒絕，在磋商過程中始終在等待一個最好的機會以便提出成交請求，但遺憾的是，很多推銷員無法清晰地辨認出真正的成交信號，於是在自己主觀的徬徨與選擇中失去最好的機會。

在銷售場合中，推銷員不僅要做到業務精通、口齒伶俐，還必須做到善於察言觀色。推銷員在出示產品之外還必須做更多的努力，在這個時候有些推銷員會感到力不從心，尤其是看到客戶並不急於購買時，推銷員就容易喪失信心。

決心是取勝的法寶，克服優柔寡斷的最佳方法就是下定決心。

馬丹諾做推銷員的時候只有17歲，他所有的親戚朋友都非常反對他做推銷員，所以馬丹諾只有從拜訪陌生人開始自己的工作。可是他又不大敢做陌生拜訪，因為他害怕在敲別人家門或跟陌生人談論產品的時候會被拒絕，因此業績一直無法突破。

有一天，馬丹諾的經理跑來找他，對他說：「你今天跟我去拜訪。」

馬丹諾跟他下樓走到馬路上，經理看到對面走來一個小女孩，就告訴馬丹諾：「假

如我走過這條馬路後還沒有辦法向她推銷產品，我走回馬路時就讓車撞死。」馬丹諾聽後嚇了一大跳，認為他怎麼可以說出這種話。

於是馬丹諾看他走過馬路，開始向這位小女孩推銷產品，15分鐘之後，他終於把產品賣出去了。

於是，馬丹諾如法炮製，開始向陌生人推銷。可是，當他向陌生人開口的時候，頭腦裡馬上想到萬一被拒絕怎麼辦？於是心裡又打起退堂鼓了。

後來馬丹諾回到公司裡面，找了一位同事並帶他下樓，對他說：「你看著，假如我無法向對面那個陌生人推銷產品的話，我就走回馬路來讓車撞死。」

當馬丹諾說完這句話的時候，他的腦海裡一片空白，根本不知道該如何推銷。馬丹諾不得不硬著頭皮走過去，開始與陌生人交談，他根本不知道自己要說什麼，但是又不能走回頭路，因為他剛剛做過承諾、發過誓。於是馬丹諾使出渾身解數向這位陌生人推銷產品。20分鐘之後，不可思議的事情發生了：陌生人終於買了馬丹諾的產品。

後來馬丹諾發現，原來是自己的決心幫助自己推銷成功的。

在馬丹諾20歲那年，他學習了一門課程，在課堂上老師告訴他：「下一次還有一門非常棒的課程，這門課程可以幫助我們激發所有的潛能，讓自己能夠成為頂尖人物。」

馬丹諾說：「這門課程很好，可是我沒有錢，等我存夠了錢再上。」這時候老師問

他：「你到底是想成功，還是一定要成功？」

馬丹諾說：「我一定要成功。」他又問馬丹諾：「假如你一定要成功的話，請問你會怎樣處理這事情？」於是馬丹諾說，自己立刻借錢來上課。

當然，上完課之後，馬丹諾有了很大的進步。

於是，老師又告訴他們：「下次還有一門課程，仍然相當棒，是教授領導與推銷方面的知識。」

馬丹諾聽了之後非常興奮，可是他還是沒有錢，想等到明年再上。

當時老師又問他：「你到底是想成功，還是一定要成功？」他又回答：「我當然一定要成功啊！」

「你一定要成功，那你要等到什麼時候才來上課？你的收入不夠，所以你沒有錢，你更應該來上課才是，你說是不是呢？」於是馬丹諾又借錢來上課。就這樣反反覆覆，他一共借了十幾萬元來上課。

當上完這些課程之後，馬丹諾的人生發生了一個非常大的改變，他認為自己這一輩子是在那幾次課程中塑造出來的。

克服優柔寡斷，下定決心，一切困難都變成暫時性的了。銷售過程中也是如此，銷售人員要想成功，下定決心很重要。

發現自己工作的價值和樂趣

銷售工作看似和其他大部分工作一樣，都有點平凡無奇，但只要你肯發掘，就能夠發掘其中的趣味，這些有趣的地方能夠帶給你幸福和快樂。因此，與其羨慕別人的幸福，不如讓自己成為讓別人羨慕的對象。多用心發掘自己工作的樂趣，讓自己成為樂業的人、幸福的人。

在美國西雅圖有個特殊的魚市，在那裡買魚是一種享受。那裡充滿了歡聲笑語，魚販們面帶笑容，像合作無間的棒球隊員，讓冰凍的魚像棒球一樣，在空中飛來飛去。有人問魚販們為什麼那麼快樂，魚販告訴他前幾年這裡是個最沒有生氣的地方，大家整天都在抱怨。直到後來，大家一致認為與其每天抱怨沉重的工作，不如改變工作的品質。於是，他們開始試著把賣魚當成一種藝術。從此以後，一個創意接著一個創意，一串笑聲接著一串笑聲，他們的魚市成了附近生意最好、工作場面最熱鬧的地方。這種工作氛圍甚至吸引了附近的上班族，他們常到這兒來和魚販用餐，感受他們樂於工作的好心情。

魚販們把抱怨的魚市變成了歡樂的魚市，不但歡樂了自己，也把笑聲帶給了別人。

工作的樂趣並不在別處，它就在你的身邊，在你的手裡，你的心裡。與其抱怨工作枯燥無味，不如努力去發掘工作的樂趣，甚至主動創造工作中的樂趣，相信你很快就能夠感受到幸福的降臨。

一家信譽很好的大花店以高薪聘請一位售花小姐，招聘廣告張貼出去後，前來應聘的人如過江之鯽。經過幾輪面試，老闆留下了3位女孩讓她們每人經營花店一周，以便從中挑選一人。這3個女孩長得都如花一樣美麗，一人曾經在花店插過花、賣過花，一人是花藝學校的應屆畢業生，餘下一人只是一個待業女孩。

插過花的女孩一聽老闆要讓她們以一周的實務成績作為應聘條件，心中竊喜，畢竟插花、賣花對於她來說是輕車熟路。每次一見顧客進來，她就不停地介紹各類花的象徵意義以及給什麼樣的人送什麼樣的花，幾乎每一個人進花店，她都能讓人買去一束花或一籃花，一周下來，她的成績不錯。

花藝女生經營花店，充分發揮從書本上學到的知識，從插花的藝術到插花的成本，都細心琢磨，甚至聯想到把一些斷枝的花朵用牙籤連接花枝夾在鮮花中，以降低成本……她的知識和她的聰明也為她帶來了不錯的銷售成績。

待業女孩經營起花店，則有點放不開手腳，然而她置身於花叢中的微笑簡直就像一朵花，她的心情也如花一樣美麗。一些殘花她總捨不得扔掉，而是修剪修剪，免費送給

路邊行走的小學生，而且每一個從她手中買去花的人，都能得到她一句甜甜的話語：「鮮花送人，餘香留己。」這聽起來既像女孩為自己說的，又像是為花店講的，也像對買花人講的，簡直是一句心語……儘管女孩努力珍惜著她一周的經營時間，但她的成績比前兩個女孩差很多。

出人意料的是，老闆竟然留下了那個待業女孩。人們不解：為何老闆放棄能為他賺更多錢的女孩，而偏偏選中這個縮手縮腳的待業女孩？

老闆說，用鮮花賺再多的錢也是有限的，用如花的心情去賺錢才是無限的。花藝可以慢慢學，但如花的心情是學不來的，因為這裡面包含著一個人的氣質、品德以及情趣愛好、藝術修養……

把自己的心與工作合為一體，以如花的心情來賣花，這是心的樂業。愛迪生說：「在我的一生中，從未感覺是在工作，一切都是對我的安慰……」享受與工作，從本質上來說是一致的。對一個真正熱愛自己工作的人來說，享受和工作可以完美地融合在一起。把心靈的美好和工作的熱情融合在一起，是一種最高層次的樂業。抱著這種態度，你的工作就是享受。所以，別再說什麼銷售工作沒有價值和意義，任何工作都有它的價值和意義，只在於你自己是否發現。

挫折時懂得在反省中獲得進步

在人生中遇到困境是不可避免的，但是，困境中往往也埋藏著機遇，因為困境會提醒我們需要改進的地方。與其探求別人成功的秘訣，不如多問問自己失敗的原因。很多時候，我們並不是找不到改進工作、提升自我的方法，而是缺乏反省與思考。作為新入行的銷售人員，如果我們能像貝特格那樣勤於思考，又何愁找不到業績不高的「病因」，然後對症下藥呢？有時人們覺得無路可走，往往是因為不敢想、不去想，而非其他。

美國有一位名叫貝特格的保險銷售高手，初入保險業時也是躊躇滿志，可是業績一直不佳，他因此灰心喪氣，打算就此放棄。一個週末的早上，他苦苦思索問題的根源，決定如果理不出什麼頭緒來的話，就乾脆辭職改行。那天早上，他自問自答了這樣幾個問題：

1. 問題到底是什麼？

他回憶，有時在與客戶洽談一單業務時，似乎進展非常順利，但往往在要落單的關

鍵時刻，客戶突然就此打住，說下次有時間再談。正是這些所謂的下次再談，耗費了他大量的時間和精力，使他產生了挫敗感。

2.問題的根源在哪裡？

他有個好習慣，喜歡做工作記錄。於是，他拿出最近12個月的記錄，做了一番統計分析，得出的結果使他茅塞頓開。他發現自己的生意有70％是在首次與客戶的洽談中一次成功的，還有23％的生意是在第二次洽談中才成功的，只有7％的生意需要在第三次、第四次、第五次，或更多次的洽談之後才能成交。正是這7％的生意把他搞得筋疲力盡、狼狽不堪。也就是說，他把大量的時間浪費在只占7％的生意上，結果得不償失。

3.解決方案是什麼？

根源一找到，問題也就迎刃而解了。他立即快刀斬亂麻，把那些需要進行3次以上洽談的生意一筆勾銷，把節省下來的時間專門挖掘潛在客戶。結果，在很短的時間內他的成交額就增加了一倍。

很多銷售員喜歡抱怨客戶，抱怨老闆，但就是不會反省，看不清自己身上的缺點和毛病，結果是屢犯錯誤難以獲得提升或成長。而只有善於反省，才不會重複犯錯誤，才能一步一個腳印地前進。

傑克想銷售一套可供30層辦公大樓用的中央空調設備，他進行了很多努力，與一家

公司的董事會周旋了很長時間，仍然沒有結果。一天，該公司董事會通知傑克，要他到董事會上向全體董事介紹這套空調系統的詳細情況，最終由董事會討論和決定。在此之前，傑克已向他們介紹過多次。這天，在董事會上，他把以前講過很多次的話又重複了一遍。但在場的董事仍提出了一連串問題刁難他，這讓他有些措手不及。

面對這種情形，傑克心急如焚，眼看著幾個月來的辛苦和努力將要付諸東流，他變得焦慮起來。

在董事們進行討論的時候，他環視了一下房間，突然他想到，這段時間以來的努力似乎都是在重複著說明產品的性能之類的問題，關於這些問題，董事們應該是再瞭解不過，所以，我現在再回答這些問題，實際價值其實並不大。看來，我需要從其他方面著手來解決問題。

在隨後的董事提問階段，他沒有直接回答董事的問題，而是很自然地換了一個話題，說：「今天天氣很熱，請允許我脫掉外衣，好嗎？」說著掏出手帕，認真地擦著腦門上的汗珠。

這個動作馬上引起了在場的全體董事的條件反射，他們很多人頓時覺得悶熱難熬，紛紛脫下外衣，還不停地用手帕擦臉，有的抱怨說：「怎麼搞的？天氣這麼熱，這會議室還不裝空調，悶死人啦！」這時，傑克心裡暗暗高興，覺得時機已到，接著說：

「各位董事，我想貴公司是不想看到來公司洽談業務的客人熱成像我這個樣子的，是嗎？如果貴公司安裝了空調，它可以為來貴公司洽談業務的客人帶來一個舒適愉快的感覺，這樣一定可以成交更多的業務。而假如貴公司所有的員工都因為沒有空調而感覺天氣悶熱，穿著不整齊，這可能會影響貴公司的形象，使客人對貴公司產生不好的感覺，您說這樣好嗎？」

聽完傑克的這番話，董事們連連點頭，董事長也覺得有道理，最後，這筆大生意終於成交了。

所謂反省，就是在銷售過程中反過身來省察自己，檢討自己的言行，看自己犯了哪些錯誤，看有沒有需要改進的地方。一般來說，自省心強的人都非常瞭解自己的優劣，因為他時時都在仔細檢視自己。這種檢視也叫作「自我觀照」，其實質也就是跳出自己的身體之外，從外面重新觀看審察自己的所作所為是否最佳的選擇。這樣做就可以真切地瞭解自己，但審視自己時必須是坦率無私的。

能夠時時審視自己的銷售人員，一般都很少犯錯，因為他們會時時考慮：在這次銷售中我到底有哪些優勢？我能幹什麼事？我該幹什麼？我的弱勢在哪裡？為什麼這次銷售被拒絕了或成功了？這樣做就能輕而易舉地找出自己的優點和缺點，以此為日後的行動打下基礎。

第三章 業績完全是「設計」出來的

推銷自己比推銷產品重要

銷售人員時常面臨的困惑是：雖然產品品質一流，但是在接近準客戶時，還沒來得及介紹產品，就被拒之門外了。這就需要銷售人員確定一個信念：在推銷商品前，首先推銷你自己，取得客戶信任後，訂單不請自來。

業務代表A：「你好，我是××公司的業務代表周濤。在百忙中打擾你，想要向你請教有關貴商店目前使用收銀機的事情。」

客戶：「你認為我店裡的收銀機有什麼毛病嗎？」

業務代表A：「並不是有什麼毛病，我是想是否已經到需要更換新機的時候。」

客戶：「對不起，我們暫時不想考慮換新的。」

業務代表A：「不會吧！對面李老闆已更換了新的收銀機。」

客戶：「我們目前沒有這方面的預算，以後再說吧。」

此案例中的業務代表A之所以被拒絕，是因為對方一直在「就事論事」，而並非在建立一種人際關係，並不是先讓客戶瞭解到自己這個人，對自己產生好感。所以，在客戶對銷售人員沒有任何人際好感的前提下，這位業務代表又怎麼會銷售成功呢？

所以銷售人員在推銷產品之前要善於推銷自己。TOYOTA的神谷卓一曾說：「接近準客戶時，不需要一味地向客戶低頭行禮，也不應該迫不及待地向客戶介紹商品……與其直接說明商品不如談些有關客戶的太太、小孩的話題或談些社會新聞之類的事情，讓客戶喜歡你才真正關係著銷售的成敗，因此接近客戶的重點是讓客戶對一位以推銷為職業的業務員產生好感，從心理上先接受他。」

業務代表B：「劉老闆嗎？我是某某公司業務代表李黎明，經常經過貴店。看到貴店一直生意都是那麼好，實在不簡單。」

客戶：「你過獎了，生意並不是那麼好。」

業務代表B：「貴店對客戶非常的親切，劉老闆對貴店員工的教育培訓一定非常用

心，對街的張老闆，對您的經營管理也相當欽佩。」

客戶：「張老闆是這樣說的嗎？張老闆經營的店也是非常好，事實上，他也是我一直作為目標的學習對象。」

業務代表B：「不瞞你說，張老闆昨天換了一台新功能的收銀機，非常高興，才提及劉老闆的事情，因此，今天我才來打擾你！」

客戶：「喔？他換了一台新的收銀機？」

業務代表B：「是的。劉老闆是否也考慮更換新的收銀機呢？目前你的收銀機雖也不錯，但是新的收銀機有更多的功能，速度也較快，讓你的客戶不用排隊等太久，因而會更喜歡光臨你的店。請劉老闆一定要考慮購置新的收銀機。」

在這個案例中，業務代表B的技巧顯然就高明許多。我們比較兩個案例中業務代表A和B，很容易發現，兩個人掌握同樣的資訊，「張老闆已經更換了新的收銀機」，但是結果截然不同，玄機就在於接近客戶的方法。

業務代表A在初次接近客戶時，直接地詢問對方收銀機的事情，讓人感覺突兀，遭到客戶反問：「店裡的收銀機有什麼毛病？」然後該業務代表又不知輕重地抬出對面的張老闆已購機這一事實來企圖說服劉老闆，更激發了劉老闆的逆反心理。

而業務代表B能把握這兩個原則，和客戶以共同對話的方式，在打開客戶的「心防」

後，自然地進入推銷商品的主題。業務代表B在接近客戶前先做好了準備工作，能立刻稱呼劉老闆，知道劉老闆店內的經營狀況、清楚對面張老闆以他為學習目標等，這些細節令劉老闆感覺很愉悅，業務代表和他的對話就能很輕鬆地繼續下去，這都是促使業務代表成功的要件。

銷售界有句流傳已久的名言：「客戶不是購買商品，而是購買推銷商品的人。」任何人與陌生人打交道時，內心深處總是會有一些警戒心，當準客戶第一次接觸業務員時，有防備心理也很正常。只有在推銷人員能迅速地打開準客戶的「心防」後，客戶才可能用心聽你的談話。

客戶是否喜歡你關係著銷售的成敗。所以說，與其直接說明商品不如談些客戶關心的話題，讓客戶對你產生好感，從心理上先接受你。打開客戶「心防」的基本途徑是：讓客戶對你產生信任；引起客戶的注意；引起客戶的興趣。

充分瞭解產品是銷售前提

許多人都抱怨過這樣一件小事，比如你去超市購物，想買的商品不知道具體放在什麼地方。於是，我們會選擇詢問身邊的導購人員，但滿心的期望最後多半以失望結束。導購人員只知耕耘自己面前的一畝三分地，對整個超市商品資訊的不熟悉導致客戶產生負面情緒。

任何一位客戶在購買某一產品之前都希望自己掌握盡可能多的相關資訊，因為掌握的資訊越充分、越真實，客戶就越可能購買到更適合自己的產品，而且他們在購買過程中也就更有信心，尤其是一些高檔的產品，比如電腦、家電等。可是，很多時候客戶都不可能瞭解太多的產品資訊，這就為客戶的購買造成了許多不便和擔憂。比如不瞭解產品的用法，不知道某些功能的實際用途，不瞭解不同品牌和規格的產品之間的具體差異，等等等等。對產品的瞭解程度越低，客戶購買產品的決心也就越小，即使他們在一時的感情衝動之下購買了該產品，也可能會在購買之後後悔。

其實，很多人都有過這樣的體驗，到電子商城去買一些電子產品時，同一種產品總會有至少3種不同品牌的產品，價格不一樣，商家著重宣傳的功能和優勢等也不盡相同。面對這種情況，客戶自然不會輕易決定購買哪種產品。此時，哪種品牌的銷售人員對產

品的相關知識瞭解得越多，表現得越專業，往往越能引起客戶的注意，而最終這類銷售人員通常都會用自己豐富的專業知識和高超的銷售技能與顧客達成交易。

如今，很多優秀的公司都注重提高行銷人員的產品知識水準，而且採用了靈活多樣的方式。

戴爾先生是一家酒店的經理，他喜歡在日常工作中檢驗員工對產品的認識和瞭解程度。例如，戴爾先生走進休息室，會問大家：「我們很快就要舉行一次情人節的促銷活動，你們能告訴我有些什麼項目嗎？你們對預定的折扣率有什麼看法？」

需要說明的是，休息室內不但有專門的行銷人員，還有其他人員，如辦公室人員和勤雜人員。在戴爾先生看來，每一個在酒店工作的人都應該掌握這一知識。當情人節的促銷活動舉辦時，如果有一位顧客走到酒店門口，向正在擦拭玻璃的清潔員詢問有關促銷活動的問題時，清潔員必須對答如流，而絕對不能一問三不知。

與戴爾做法接近的還有迪士尼樂園。迪士尼樂園為了能更好地服務遊客，對每一個員工都要進行嚴格的培訓，哪怕他只是一個假期打工的學生。從拖地到拍照，以及學習照相機的技能與熟悉地理環境，迪士尼的每一位員工都必須做到熟練掌握，以備遊客的「突出詢問」。

無論是商場超市的導購，還是公司的銷售代表、談判專家，對自己公司產品資訊的

掌握是一個必備的基本素質。那麼對產品資訊的瞭解，究竟包括哪幾方面呢？

銷售人員應該盡可能多地瞭解產品，掌握產品各方面的知識，主要是以下幾項：

產品的主要性能（包括主要的量化指標）；

價格（還應掌握價格與成本的關係）；

庫存情況（這一點至關重要，牽涉到能否保證向客戶供貨的問題）；

服務的主要內容（包括方式、種類、範圍、程度等）；

必須注意的事項（如產品的安全事項、使用事項等）；

競爭對手的產品優劣（因為說服客戶的時候可以據理力爭）。

相關的產品知識，是行銷人員必須掌握的基礎知識之一。一位行銷專家說過：「沒有什麼比從一個毫無產品知識的行銷員那裡買東西更能令人失望的了。」

熟悉產品資訊不僅是對行銷、銷售人員能力的基本要求，也是客戶的需求體現。雖然不斷增加的產品功能和不斷細分的市場有助於滿足客戶全方位、深層次的需求，但是面對越來越多的同類商品，客戶在需求被滿足之前恐怕首先面對的是迷惑和困擾，也就是來自對產品各種情況的不瞭解。所以，成功的銷售不能忽略對產品資訊的充分瞭解這一重要細節，你平時就應該多用心學習產品的各種功能，做到對產品資訊熟悉得如同自己的身體一樣。

完善專業知識，做個行家中的行家

如果你是一位電腦公司的客戶管理人員，當客戶有不懂的專業知識詢問你時，你的表現就決定了客戶對你的產品和企業的印象。

一家車行的銷售經理正在打電話銷售一種用渦輪引擎發動的新型汽車。在交談過程中，他熱情激昂地向他的客戶介紹這種渦輪引擎發動機的優越性。

他說：「在市場上還沒有可以與我們這種發動機媲美的，它一上市就受到了人們的歡迎。先生，你為什麼不試一試呢？」

對方提出了一個問題：「請問汽車的加速性能如何？」

他一下子就愣住了，因為他對這一點非常不瞭解。

理所當然，他的銷售也失敗了。

試想，比如一個銷售化妝品的人對護膚的知識一點都不瞭解，他只是想一心賣出他的產品，那結果注定是失敗。

房地產經紀人不必去炫耀自己比別的任何經紀人都更熟悉市區地形。事實上，當他

帶著客戶從一個地段到另一個地段到處看房的時候，他的行動已經表明了他對地形的熟悉。當他對一處住宅做詳細介紹時，客戶就能認識到銷售經理本人絕不是第一次光臨那處房屋。同時，當討論到貸款問題時，他所具備的財會專業知識也會使客戶相信自己能夠獲得優質的服務。前面的那位銷售經理就是因為沒有豐富的知識使自己表現得沒有可信性，才使他的推銷失敗，而想要得到回報，你必須努力使自己成為該行業各個業務方面的行家。

那些定期登門拜訪客戶的銷售經理一旦被認為是該領域的專家，那他們的銷售額就會大幅度增加。比如，醫生依賴於經驗豐富的醫療設備推銷代表，而這些能夠贏得他們信任的代表正是在該行業中成功的人士。

不管你推銷什麼，人們都尊重專家型的銷售經理。在當今的市場上，每個人都願意和專業人士打交道。一旦你做到了，客戶會耐心地坐下來聽你說那些想說的話。這也許就是創造銷售條件、掌握銷售控制權最好的方法。

除了對自己的產品有專業的把握，有時我們甚至要對客戶的行業也有大致瞭解。銷售經理在拜訪客戶以前，對客戶的行業有所瞭解，這樣，才能以客戶的語言和客戶交談，拉近與客戶的距離，使客戶的困難或需要立刻被察覺而有所解決，這是一種幫助客戶解決問題的推銷方式。例如，IBM的業務代表在準備出發拜訪某一客戶前，一定先

閱讀有關這個客戶的資料，以便瞭解客戶的營運狀況，增加拜訪成功的機會。

莫妮卡是倫敦的房地產經紀人，由於任何一處待售的房地產可以有好幾個經紀人，所以，莫妮卡如果想出人頭地的話，只有憑著豐富的房地產知識和服務客戶的熱誠。莫妮卡認為：「我始終掌握著市場的趨勢，市場上有哪些待售的房地產，我瞭若指掌。在帶領客戶察看房地產以前，我一定把房地產的有關資料準備齊全並研究清楚。」

莫妮卡認為，今天的房地產經紀人還必須對「貸款」有所瞭解。「知道什麼樣的房地產可以獲得什麼樣的貸款是一件很重要的事，所以，房地產經紀人要隨時注意金融市場的變化，才能為客戶提供適當的融資建議。」

一個銷售員對自己的產品、行業和對客戶的需求都不瞭解的話，一定沒有哪個客戶信任他。當我們能夠充滿自信地站在客戶面前，無論是他有不懂的專業知識要諮詢，還是想知道市場上同類產品的性能，我們都能圓滿解答時，我們才算具備了充分的專業知識，推銷工作才可能獲得成功。

良好的形象拉近你與客戶的距離

西方有句諺語：「你沒有第二個機會留下美好的第一印象。」愛默生曾經說：「你說得太大聲了，以至於我根本聽不見你在說什麼。」換句話說，你的外表、聲音和話語、風度、態度和舉止所傳達的印象有助於使準客戶在心目中勾勒出一幅反映你的本質性格的畫面。

當你出現在你的準客戶面前時，他們看到的是一個什麼類型的人呢？他們在剎那間捕捉了一連串你的圖像或快照，然後他們將其中最重要的一些儲存進自己的意識中。

很多優秀推銷員都認為，在面談的頭10秒鐘內就決定了它會完成還是將破裂。可能真是這樣，我們確實根據在與一個人見面的頭幾秒鐘內所得到的印象，快速做出對他的判斷。如果這些判斷是不利的，那麼所有的銷售都不得不首先克服這位專業推銷人員在準客戶心中留下的糟糕印象。另一方面，一個有利的印象肯定可以幫助做出銷售，而且也不需要硬著頭皮、費力地抗爭準客戶心中對你形成的不利的第一印象。

內布拉斯加州一位經驗豐富的經理說：「有一天，一個人來拜訪我。他穿得就像一

部著名的老片《上午之後》中的一個角色。他開始做一個好得非同尋常的銷售推薦，但我老是走神。我看著他的鞋子、他的褲子，然後再把目光掃過他的襯衫和領帶。大部分時間裡我都在想，如果這位專業推銷人員說的都是真的，那他為什麼穿得如此落魄呢？「他告訴我他手中有很多訂單，他有許多客戶，他們也購買了大量的這種產品。但他的個人外表致命地顯示他說的話不是真的。我最後沒有購買，因為我對他的陳述沒有信心。」

由此可見，想要銷售成功，推銷人員必須首先給客戶創造出一種好印象，必須有成功的外觀、成功的談吐和成功的姿態。這些都是具有大意義的小事情——它們都有助於將銷售面談成功地進行下去。

第一印象是非常重要的，一定要注意保持一種良好的第一印象，因為你不可能再有第二次機會了。客戶對你的第一印象是依據外表——你的眼神、面部表情等。你可以認為外表就是一種表面語言，正如聲音所表達的一樣。

一個人的外貌對於他本身有影響，穿著得體就會給人以良好的印象，它等於在告訴大家：「這是一個重要的人物，聰明、成功、可靠。大家可以尊敬、仰慕、信賴他。他自重，我們也尊重他。」只有在對方認同你並接受你的時候，你才能順利進入對方的世界，並遊刃有餘地與對方交往，從而把自己的事情辦成和辦好，而這一切的獲得在很大

程度上與你的外在打扮有關。

大凡給對方留下好印象的人都善於交往，善於合作。而一個人的儀表是給對方留下好印象的基本要素之一。試想，一個衣冠不整、邋邋遢遢的人和一個裝束典雅、整潔俐落的人在其他條件差不多的情況下，同去辦同樣分量的事，恐怕前者很可能受到冷落，而後者更容易得到善待。特別是到陌生的地方辦事，怎樣給別人留下美好的第一印象更為重要。

世上早有「人靠衣裝馬靠鞍」之說，一個人若有一套好衣服配著，彷彿把自己的身價都提高了一個層次，而且在心理上和氣氛上增強了自己的信心。聰明的人切莫怪世人「以貌取人」，人皆有眼，人皆有貌，衣貌出眾者，誰不另眼相看呢？著裝藝術不僅給人以好感，同時還直接反映出一個人的修養、氣質與情操，它往往能在尚未認識你或你的才華之前，向別人透露出你是何種人物，因此在這方面稍下一點工夫，往往會事半功倍。

衣冠不整，蓬頭垢面讓人聯想到失敗者的形象。而完美無缺的修飾和宜人的體味，能使你的形象大大提高。有些人從來沒有真正養成過一個良好的自我保養的習慣，這可能是由於不修邊幅的學生時代留下的後遺症，或者父母未能以身作則，或者他們對自己的重視不夠造成的。這些人往往「三天打魚兩天曬網」，只要基本上還算乾淨，沒有人

瞧不起，能走得出去便了事了。如果你注重自己的形象，良好的修飾習慣很快就能形成。如果你天生一張鬍子臉，那也沒有辦法，但至少你要給人一種你能打點好自己的印象。牙齒、皮膚、頭髮、指甲的狀況和你的儀態都將表明你的自尊程度。

客戶對你的第一印象，往往是從服飾和儀表上得來的，因為衣著往往可以表現一個人的身分和個性。畢竟，要對方瞭解你的內在美，需要長久的過程，只有儀表能一目了然。銷售工作的順利與否，第一印象至關重要，不講究儀表就是自己給自己打了折扣，自己給自己設置了成功的障礙，不講究儀表就是人為地給要辦的事情增加了難度。

社交禮儀是一筆無形的財富

社交禮儀是一個人素質修養的表現之一，許多銷售人員往往透過良好的社交禮儀展現自己專業化的水準和素質，給客戶一種高水準的職業表現。那麼，社交禮儀有哪些方面是需要我們注意的呢？

1. 將說話當成一種藝術。成功學大師戴爾•卡內基曾說：「一個人的成功，僅僅有15％取決於技術知識，而其餘的85％則取決於口才藝術。」所以，掌握說話的藝術是銷

售人員的必備條件之一。

話題的選擇反映著談話者品味的高低。選擇一個好的話題，使自己能和客戶找到共同語言，預示著談話成功了一半。談話可以圍繞對方的事業領域或時下政治、經濟領域的世界新聞為話題展開談話。交談中應將禮貌用語時時掛在嘴邊。「請」、「您好」、「謝謝」、「對不起」、「再見」是社會提倡的文明交往用詞，無論遇到什麼情況，用語文明，有禮貌，應成為我們的習慣行為，在銷售過程中更要注意運用這些禮貌用語，做到以「禮」服人。另外，敬語的使用也要十分注意。稱呼長輩或上級可以用老長官、老先生、叔叔、伯伯等，稱呼平輩可以用兄、姐、先生、女士、小姐等。詢問對方姓名可用貴姓、尊姓大名、芳名（對女性）等。詢問對方年齡可用高壽（對老人）、貴庚、芳齡（對女性）等。敬語還有一些習慣用語應該掌握，如初次見面說「久仰」，很久不見說「久違」，祝賀喜事說「恭喜」，請人批評說「指教」，請人原諒說「包涵」，求人解惑說「賜教」，託人辦事說「拜託」，等待客人說「恭候」，看望別人說「拜訪」，賓客到了說「光臨」，陪伴客人說「奉陪」，中途先走說「失陪」，求給方便說「借光」，請人勿送說「留步」，兩人告別說「再見」。

2. 注重握手禮儀。握手是陌生人之間第一次的身體接觸，只有幾秒鐘的時間，但這短短的幾秒鐘是如此關鍵，立刻決定了別人對我們的喜歡程度。

當我們和別人握手的時候，一定要認真地看著對方，面帶笑容，注意握手停留的時間和力度。一般來說，兩個人握手應該停留的時間在3～5秒，稍微握一握，再晃一晃，稍許用力，握力在兩千克左右最佳。在社交活動中，要避免握手失禮，就要瞭解握手的禁忌與注意事項。拒絕他人的握手、握手時用力過猛、交叉握手、戴手套握手以及握手時東張西望都是十分不禮貌的。

當推銷員與客戶見面時，若雙方均是男性，某一方或雙方均坐著，那麼就應站起來，趨前握手；若推銷員是男性，客戶是女性，則推銷員不應先要求與對方握手。握手時，必須正視客戶的臉和眼睛，並面帶微笑。還要注意，戴著手套握手是不禮貌的，伸出左手與人握手也不符合禮儀；同時，握手時用力要適度，既不要太輕也不要太重。適宜的握手方式往往能帶來良好的效果。可以想像，如果一個推銷人員像抹盤子一樣淡漠無趣地與客戶握手，或者只是輕輕地抓一下客戶的手指尖，客戶會做出什麼反應。同樣，過度用力握手也會使客戶產生厭惡和反感，對女性客戶更是如此。

3.別忽視名片的發放和接收。發送和接收名片也是有講究的，它直接影響著你的形象和別人對我們的印象。

遞送名片給別人時，起身站立，走上前去，使用雙手或者右手將名片正面朝上，遞交對方。這一過程要鄭重其事，不可隨隨便便。切忌用手指夾著名片遞給別人，那樣會

顯得我們很輕浮且不尊重對方。此外，不要將名片舉得高於胸部，也不能低於腰部以下。當別人要遞交名片給我們或者與我們交換名片時，我們應立即停止手上所做的一切事情，起身站立，面帶微笑，目視對方。接受名片時應該雙手捧接，或用右手接過，切勿單用左手接過。

4.別忘了吸煙也需要講究禮儀。在推銷過程中，推銷人員儘量不要吸煙。這是因為：其一，吸煙有害身體健康。其二，在推銷過程中，尤其是在推銷面談中吸煙，容易分散客戶的注意力。例如，在推銷人員抽完一支香煙並準備將煙頭扔掉時，客戶可能會擔心其地毯、桌面或紙張被損壞。其三，不吸煙的客戶對吸煙者會產生厭惡情緒。

如果知道客戶會吸煙，也應注意吸煙方面的禮節。接近客戶時，可以先遞上一支煙。如果客戶先拿出煙來招待自己，推銷人員應趕快取出香煙遞給客戶說：「先抽我的。」如果來不及遞煙，應起身雙手接煙，並致謝。不會吸煙的可婉言謝絕。應注意吸煙的煙灰要彈在煙灰缸裡，不可亂扔煙頭、亂彈煙灰。當正式面談開始時，應立即熄掉香煙，傾聽客戶講話。如果客戶不吸煙，推銷人員也不要吸煙。

學習是提升銷售修養的途徑

有人認為銷售只是一項技術活，完全靠嘴皮子說話，只要跟客戶關係搞好，個人的學習和修養無關緊要。其實，最優秀的銷售員是最善於學習，最勤於學習的。學習不僅是一種態度，而且是一種信仰。當你有豐富的學識、知識的時候，整個人的氣質會不一樣，你所說出來的話語、你談論的話題等，層次和等級就會不同。這也有可能影響到你交往的客戶的層次和水準。同時，平日的學習能夠形成豐富的知識體系，而這些知識或許會在某些場合意外地幫上你大忙。所以，作為一個銷售人員，你除了平日多多磨練自己的業務水準，更不能放棄對於個人修養的提升。

原一平有一段時間，一到星期六下午，就會自動失蹤。他去了哪裡呢？

原一平的太太久惠是有知識有文化的日本婦女，因原一平書讀得太少，經常聽不懂久惠話中的意思。另外，因業務擴大，原一平認識了更多更高層的人，許多人的談話內容，他也是一知半解。所以，原一平選了星期六下午為進修的時間，並且決定不讓久惠知道。每週原一平都事先安排好主題。

過了一段時間，原一平的知識長進了不少，與人談話的內容也逐漸豐富了。久惠說：「你最近的學問長進不少。」「真的嗎？」「真的啊！從前我跟你談問題，你常因不懂而躲避，如今你反而理解得比我還深入，真奇怪。」「這有什麼奇怪呢？」「你是否有什麼事瞞著我呢？」「沒有啊。」「還說沒有，我猜想一定跟星期六下午你的失蹤有關。」

原一平覺得事情已到這地步，只好全盤托出。「我感到自己的知識不夠，所以利用星期六下午的時間到圖書館去進修。」後來，經過不斷努力，原一平終於成為推銷大師。

真正的幸運之神永遠在有實力、有耐力的人旁邊，而要擁有這樣的實力，只有不斷地學習、不斷地進步。無論什麼時候，學習都是非常重要的事情，要時時儲備知識，而且要掌握有用的知識，對知識要做好更新工作。

有許多推銷員，特別是新手，都會苦於沒有足夠的推銷資訊。資訊從哪裡來呢？你得多參加公共活動，多看書報雜誌，多動腦子，這樣才能獲取大量資訊。說白了就是要不斷學習，不斷豐富充實自己。

愛默生說：「知識與勇氣能夠造就偉大的事業。」推銷員要想成功，就要持續不斷地學習，讓自己的知識隨時儲備，不斷更新。

很多人在大學畢業拿到文憑以後就以為其知識已經完成，足以應付職場中的各種情

況，可以高枕無憂了。殊不知，文憑只能表明你在過去的幾年受過基礎訓練，並不意味你在後來的工作中就能應付自如，文憑上沒有期限，但實際上其效力是有期限的。

有一家大公司的總經理對前來應聘的大學畢業生說：「你的文憑只代表你應有的文化程度，它的價值會體現在你的底薪上，但有效期只有3個月。要想在我這裡幹下去，就必須知道你該學些什麼東西，如果不知道該學些什麼新東西，你的文憑在我這裡就會失效。」

在這個急速變化的時代，學校教授的知識往往顯得過於陳舊，只有在工作階段繼續學習才能適應這種快速變化，滿足工作的需要，跟上時代的步伐。可見，文憑不能涵蓋全部知識的學習，不斷地學習新知識和技能，才能在職場上得以立足和發展。

當今是一個靠學習力決定高低的資訊經濟時代，每一個人都有機會可以勝出。現在的社會，要想永遠立於不敗之地，就必須擁有自己的核心競爭力。要想擁有超強的核心競爭力，就必須擁有超強的學習力。

每一個人每天都要學習，時時不忘充電，並且把學到的知識運用到實際工作中。這樣做了，你還有什麼理由不優秀呢？銷售人員需要不斷學習的知識主要包括以下幾種：

1.不斷學習市場行銷知識。作為一名優秀的推銷員，其任務就是對企業的市場行銷活動進行組織和實施。因此，必須具有一定的市場行銷知識，這樣才能在理論基礎、實

踐活動及探索和把握市場銷售的發展趨勢上佔優勢。

2.不斷學習心理學知識。現代企業的行銷活動是以人為中心的，它必須對人的各種行為，如客戶的生活習慣、消費習慣、購買方式等進行研究和分析，以便更好地為客戶提供最大的方便與滿足；同時實現企業利益的增加，為企業的生存和發展贏得一定的空間。

3.掌握一定的企業管理知識。一方面是為滿足客戶的要求，另一方面是為了使推銷活動體現企業的方針政策，達到企業的整體目標。

4.不斷學習市場知識。市場是企業和推銷員活動的基本舞臺，瞭解市場運行的基本原理和市場行銷活動的方法，是企業和推銷獲得成功的重要條件。

用心準備銷售工具

有些推銷員認為做推銷員主要靠的是腿和嘴，要不停地奔波、不停地說。不可否認，勤快的腿和利索的嘴確實是不可或缺的，但除了這兩樣，推銷員還應該更細心，這在推銷之前的準備工作中就能體現出來。

許多推銷員跑到公司去拜訪，因為事先沒有做好準備，於是就常常出現以下尷尬的場面：

一位推銷員向被訪公司經理敬煙，煙遞上去了，一摸口袋，卻發現自己沒帶打火機……

一位在大熱天來訪的推銷員，臉上淌著汗，因為忘了帶手帕，無法擦拭，有一位女職員看不過去，就遞了手巾給他，讓這個推銷員慚愧得不知如何是好……

一位推銷員，當他告辭時嘴裡像蚊子叫似的不好意思地說：「對不起，是不是可以借我一點錢搭車回去？」一邊說著，一邊難為情地面紅耳赤……

更有甚者，有些為商討圖樣而來的推銷員，把圖樣忘在公司裡；某些推銷員在成交的階段粗心大意地忘了帶訂貨單；也有的推銷員在前去說明並示範機器時，忘記攜帶樣本或說明書……猶如上戰場不拿槍的士兵一般，沒有做好準備工作的推銷員怎麼能順利地拿到訂單呢？

因此，推銷員一定要做好準備工作，除了儀表整潔之外，還要準備好相關的銷售工具，如名片、產品樣品、說明書、附贈品、價格表、訂貨單等。在推銷產品時，如果能適當地運用這些輔助的銷售工具，將會大大增強你的推銷效果，甚至讓你收到意想不到的效果。

CFB公司總裁柯林頓在20幾歲的時候便擁有了一家小型的廣告與公關公司。為了多賺一點錢，他同時也為康乃狄克州西哈福市的商會推銷會員證。

在一次特別的拜會中，他會晤了一家小布店的老闆。這位工作勤奮的小老闆是土耳其的第一代移民，他的店鋪離那條分隔哈福市與西哈福市的街道只有幾步路的距離。

「你聽著，年輕人。」他以濃重的口音對柯林頓說道，「西哈福市商會甚至不知道有我這個人。我的店在商業區的邊緣地帶，沒有人會在乎我。」

「不，先生，」柯林頓繼續說服他，「你是相當重要的企業人士，我們當然在乎你。」

「我不相信，」他堅持己見，「如果你能夠提出一丁點兒證據反駁我對西哈福市商會所下的結論，那麼我就加入你們的商會。」

柯林頓注視著他說：「先生，我非常樂意為你做這件事。」然後，他拿出了準備好的一個大信封。

柯林頓將這個大信封放在小布店老闆的展臺上，開始重複一遍先前與小老闆討論過的話題。在這期間，小布店老闆的目光始終注視著那個信封袋，滿腹狐疑，不知道裡面到底是什麼。

最後，小布店老闆終於無法再忍受下去了，便開口問道：「年輕人，那個信封裡到底裝了什麼？」

柯林頓將手伸進信封，取出一塊大型的金屬牌。商會早已做好了這塊牌子，用於掛在每一個重要的十字路口上，以標示西哈福商業區的範圍。柯林頓帶著他來到窗口，說：「這塊牌子將掛在這個十字路口上，這樣一來客人就會知道他們是在這個一流的西哈福區內購物。這便是商會讓人們知道你在西哈福區內的方法。」

一抹蒼白的笑容浮現在小布店老闆的臉上。柯林頓說：「好了，現在我已經結束了我的討價還價了，你也可以將支票簿拿出來結束我們這場交易了。」小布店老闆便在支票上寫下了商會會員的入會費。

經過這次經歷，柯林頓體會到：「做推銷拜訪時帶著道具，是一種吸引潛在客戶目光的有效方式。」喬·吉拉德也指著自己隨身攜帶的工具箱說：「如果讓我說出我發展生意的最好辦法，那麼，我這個工具箱裡的東西可能不會讓你吃驚，我會隨時為銷售做好各種準備工作。」

準備贏得一切，對於推銷員來說更是如此。用心準備好銷售工具，既能讓顧客感受到推銷人員的誠意，又可以幫助推銷人員樹立良好的形象，形成友好、和諧、寬鬆的洽談氣氛，有利於推銷工作更加順利地開展。

記住客戶的名字——是小事卻是大事

名字是一種符號和屬性，當我們知道一個人的名字的時候，從心理上來說，就能夠獲得更近的空間感，也就是我們常說的親近感。

在卡內基小的時候，家裡養了一群兔子，所以每天找青草餵兔子，成了他每日固定的工作。卡內基年幼時家中並不富裕，他平時還要替母親做其他雜事，所以實在沒有充裕的時間找到兔子喜歡吃的青草。因此，卡內基想了一個辦法；他邀請了鄰近的小朋友到家裡看兔子，要每位小朋友選出自己最喜歡的兔子，然後用小朋友的名字給這些兔子命名。每位小朋友有了與自己同名的兔子後，每天都會迫不及待地送最好的青草給予自己同名的兔子。

同樣的道理，我們反過來看，每個人都希望別人重視自己，重視自己的名字，就如同看重他本人一樣。瞭解名字的魔力，能讓你更好地建立客戶對你的好感，因為對方能夠看到你對他的留意和尊重，說明你對他是肯用心的。所以，作為一個優秀的推銷人員，千萬不要疏忽了它。

1898年，紐約石地鄉有一個名叫吉姆的男孩，後來，他從政並成了民主黨全國委員會的主席、美國郵政總監。在這個過程中，他逐漸養成一種超強的記憶人名的能力，正是

他的這種能力後來幫助羅斯福進入了白宮。

在吉姆為一家石膏公司做推銷員四處遊說的那些年中，他發明了一種記憶姓名的方法。最初，方法極為簡單。無論什麼時候遇見一個陌生人，他就要問清那人的姓名、家中人口、職業特徵。當他下次再遇到那人時，儘管那是在一年以後，他也能拍拍他的肩膀，問候他的妻子兒女、他後院的花草。

在羅斯福開始競選總統之前的數個月，吉姆一天寫數百封信，發給西部及西北部各州的人。然後他乘輕便馬車、火車、汽車、快艇遊經20個州，行程12000哩。他每進入一個城鎮，就和他們傾心交談，然後再馳往下段旅程。

回到東部以後，他立刻給他所拜訪過的城鎮中的每個人寫信，請他們將他所談過話的客人的名單寄給他。到了最後，那些名單多得數不清，但名單中每個人都得到吉姆一封巧妙的私函。這些信都用「親愛的比爾」或「親愛的傑」開頭，而它們總是簽著「吉姆」的大名。

吉姆在早年即發覺，普通人對自己的名字最感興趣。「記住他人的姓名並十分容易地叫出，你便是對他有了巧妙而很有效的恭維。但如果忘了或記錯了他人的姓名，你就會置你自己於極不利的地位。「例如我曾在巴黎組織一次演講的課程，我給城中所有的美國居民發出過一封印刷信。這位法國打字員的英文程度不好，輸入姓名，自然有錯。

有一個人是巴黎一家美國大銀行的經理，寫給我一封灼人的責備信，因為他的名字被拼錯了。可見，記住人家的名字對對方是多麼重要！」吉姆如是說。

銷售人員在面對客戶時，若能經常流利地以尊重的方式稱呼客戶的名字，客戶對你的好感也將越來越濃。專業的銷售人員會密切注意潛在客戶的名字有沒有被媒體報導，若是你能帶著報導有潛在客戶名字的剪報拜訪你初次見面的客戶，客戶往往會被你感動，對你心懷好感。記住客戶的名字，客戶就會記住你。

選擇合適的時間和地點拜訪

銷售人員有時候要進行銷售拜訪，在這個時候要特別注意兩個細節，拜訪的時間和地點，時間、地點選擇恰當，能夠對整個過程有所助益，比如，和諧的氛圍環境、適合談話的時間點，等等。否則，就有可能撞到客戶的禁忌上。

從時間上來看，只有在訪問對象空閒的時候才是訪問最理想的時間。因此，如果在會面前需要進行電話預約，那麼預約時間一定要針對不同客戶而有所區別；如果是直接上門推銷，更需要選擇適當的時間。銷售人員只有在恰當的時間推銷，才有可能取得成

功。如果和客戶事先已約定時間見面，預約的時間一旦確定，就必須遵守，在約定的時間內到達，這是必須遵守的原則。無論是預約還是見面，應儘量避開以下時間：

1.會議前後、午餐前後、出差前後。會議前或出差前，人們需要養精蓄銳；午餐前人們往往饑腸轆轆；會議後或出差結束，人們都想解除一下全身的疲勞；午餐後，人們更是想享受一下飽餐之後的樂趣。你在這些時間去向對方推銷，結果可想而知。

2.星期天或法定假日。商場中的人整日忙碌，在不可多得的假日裡，都想享受一下天倫之樂，在此時打擾，會讓人覺得不近人情。

3.不要選擇搭乘火車、飛機前的時間。此時推銷，無異於亂中添亂，自然不會有很好的效果，從而白白喪失機會。

如果因為不知道對方的情況而選擇了這些不利的時間，一定要向對方道歉，說一句：「對不起，不知道您有這樣的計畫，如果太忙，我們改日再談。」如此，便能給對方留下一個好印象，為下一次的拜訪打下良好的基礎。時間就是金錢，推銷員必須用心安排自己的存取時間，以免因擇時不當而浪費時間。另外，在每一次的訪問活動中，要努力達成彼此之間心與心的交流，這是推銷成功與否的關鍵所在。

從地點上來看，首選是自己容易掌控的地方，比如自己的公司、自己的辦公室。個中優勢，國際管理集團的創始人馬克一語中的：在你的地盤上談判，會給對方一種「入

侵」的感覺，對方的潛意識中極有可能存在或多或少的緊張情緒。如果你彬彬有禮，讓對方舒服放鬆，他的緊張情緒就會大大減緩，而你也就贏得了他的信任——即使真正的談判還未開始！確實，在自己的地盤上推銷，有許多「主場」優勢。比如可以充分利用各種有利條件，盡情地佈置自己的辦公室，使環境有利於推銷；如果對方未接受我方提議就想離開，可以很方便地予以阻止；以逸待勞，心理上佔有優勢；節省時間和路費；如發生意外事件，可以直接找上司解決；可以充分準備各種資料和展示工具，迅速回答對方提出的問題，並充分展示己方的優點。

當然，作為一名普通的推銷員，不可避免地要在客戶的地盤上商談，此時也不能因此而怯場，而應該做好準備，時刻預備反客為主。

實際上，在客戶的地盤商談也有一些優勢，比如，可以不受自己的瑣事干擾，全心全力商談；可以找藉口說資料不全，迴避一些敏感問題；必要時可以直接找客戶首腦人物；讓客戶負責煩瑣的接待工作等。但劣勢也是顯而易見：客戶可能受其他工作影響，無法全心全意商談，甚至可能隨時中止商談；資料、展示工具受條件限制，無法全力展示；在相對陌生的環境，容易感到壓力，影響水準發揮；花費往返時間、支出費用。

面對優劣之勢，我們能做的就是：在自己可掌控的範圍充分做好物質與心理準備，以把自己的劣勢降到最低，而將優勢發揮到最大。

除了辦公室之外，還可以選擇其他地點進行推銷。比如，選擇在客戶的接待室。這時你便有許多需要注意的問題，如應坐在靠近入口處等候，對接待人員表示好感。在對方到達以前，不要吸煙、喝茶。面談時，不要和對方正面相對，可以坐在對方左邊或右邊的位子上。

如果選擇在客戶的家中，由於氣氛一般比較和諧，容易放鬆警惕，但你的一舉一動仍會影響客戶對你的信任，因此要注意應有的禮節，對客戶妻小也要有禮貌。客戶讓你坐在哪裡，你就坐在哪裡。客戶沒到時，不要吸煙、喝茶。

如果選擇在高爾夫球場、餐廳、咖啡屋等場合，則四周不應喧鬧，並且應該分清宴會與推銷的差別，氣氛應有推銷的意味，否則會給人以不莊重的感覺。喝酒時，更不可硬邀客戶共飲。

總之，可供推銷員選擇的約見地點有客戶的家中、辦公室、公司場所、社交場合等。約見地點各異，對推銷結果也會產生不同的影響。為了提高成交率，推銷員應學會選擇效果最佳的地點約見客戶，從「方便客戶與利於推銷」為原則出發選定約見的合適場所。

成功的自我介紹是無往不利的敲門磚

交往是相互的，而銷售則是銷售人員主動地與客戶交往，因而，讓客戶知道「你是誰」的時候，就是「銷售你自己」，即介紹的時候。那麼，如何才能成功地介紹自己呢？這就要看銷售人員是否能表現得從容不迫，是否懂得隨機應變、切中交往的要害，以及因不小心說了引起客戶疑問的話或問題該如何巧妙挽回等。下面是常見的一種自我介紹模式：

您好！

敝人姓×名××

目前服務於……

我們公司是……

引人注意的問題……

吸引人的銷售術語……

激發客戶的需求……

為何客戶應立即購買……

自我介紹是結識客戶的開始，而以下5條準則會給人以信任感：

1.必須鎮定而充滿自信。一般人對具有自信心的人，都會另眼相看，因此產生好感。

曾經有人問一位銷售大師是如何與那些很少有銷售人員能夠接近的人做成那麼多生意的，他這樣回答：「我走進客戶辦公室時不會躡手躡腳，而是像走進自己的辦公室一樣，也不會做出任何可能被踢出去或者被拒絕的表情。我會盡可能以最果斷和威嚴的方式，直接走到他面前做自我介紹，因為我深信我一定能夠給他留下良好的印象，這樣他就能夠愉快地記住我，即便我不能得到他的訂單。結果，那些很難接近的人經常會把他們拒絕別人的那些業務給我，因為我不害怕接近他們，並且把自己當成好消息的傳遞者，愉快地說出我想說的話。」

2.表示自己渴望結識、對結識有一種榮幸感。如果你的態度熱誠，也同樣會達到對方報以熱誠的效果。

3.在做自我介紹時，應該善於用眼神和微笑去表達自己的友善、關懷及渴望溝通的願望。

4.在獲知對方的姓名後，不妨口頭加以重複一次；重複他人姓名，會使他有自豪感和滿足感。

5.清晰地報出自己的姓名及身分。一個含糊不清的自我介紹，會使人感到你不能把握自己，對方便會對你有所保留，彼此間的溝通便有阻隔。

一個成功的自我介紹將決定客戶對我們的第一印象，並影響溝通、銷售的進展。一個成功、出色的自我介紹能讓客戶對我們刮目相看，並以一種愉快的心情接受下面的交談。此時，成交的機率要遠遠大於一個糟糕的開始。

尋找與客戶的共同話題

與客戶打交道，難免要遇到形形色色的人。人們因為各自的經歷、年齡、性格、職業、受教育程度的不同，而呈現出不同的性格、愛好，有時甚至影響到他購買的行為。如何能在短時間內與不同的客戶縮短距離，這是考驗銷售人員的一個難題。

溝通，首先是要營造一個輕鬆、愉快的談話氛圍。這樣利於客戶打開「話匣子」，在愉悅的心情下更容易產生購買行為。

無論是和什麼樣的客戶打交道，共同的話題總能有效引起對方的興趣。

某公司的汽車銷售人員jin在一次大型汽車展示會上結識了一位潛在客戶。透過對潛在客戶言行舉止的觀察，jin分析這位客戶對越野型汽車十分感興趣，而且其品味極高。雖然jin將本公司的產品手冊交到了客戶手中，可是這位潛在客戶一直沒給jin任何回覆，

jin曾經有兩次試著打電話聯繫，客戶都說自己工作很忙，週末則要和朋友一起到郊外的滑雪場滑雪。

後來又經過多方打聽，jin得知這位客戶酷愛滑雪。於是，jin上網查找了大量有關滑雪的資料，一個星期之後，jin不僅對周邊地區所有著名的滑雪場瞭解得十分深入，而且還掌握了一些滑雪的基本功。

再一次打電話時，jin對銷售汽車的事情隻字不提，只是告訴客戶自己「無意中發現了一家設施特別齊全、環境十分優美的滑雪場」。下一個週末，jin很順利地在那家滑雪場見到了客戶。jin對滑雪知識的瞭解讓那位客戶迅速對其刮目相看，他大歎自己「找到了知音」。

在返回市區的路上，客戶主動表示自己喜歡駕駛裝飾豪華的越野型汽車，jin告訴客戶：「我們公司正好剛剛上市一款新型豪華型越野汽車，這是目前市場上最有個性和最能體現品味的汽車……」一場有著良好開端的銷售溝通就這樣形成了。

與客戶溝通的一個關鍵點在於能否找到共同的話題，從而拉近雙方的心理距離。學會找共同的話題很重要，許多時候需要我們用心地去觀察，以便找到合適的話題。當然，有些話題是顯而易見的，比如，對一個非常年老的客戶，我們就不應該談論太多的時尚資訊，如電子產品、流行服飾等。每個人都有屬於自己的特徵。有人愛好足球，也有人

喜愛旅遊……找到一個恰當的突破口，成功的溝通正是始於這樣的細節。

那麼，如何找話題呢？這可以分為兩種——大眾型和針對型。

大眾型就是普通話題，比如天氣、政治、經濟或者是民生新聞等，這類話題是大家想談、愛談、又能談的，人人有話，自然能說個不停。

針對型就是已經透過某些管道瞭解到客戶的興趣愛好，以此作為話題來建立溝通好感，進而在人際關係上有所助益。

第四章 如何預防而不是去處理客戶的拒絕

讓客戶沒有機會說「不需要」

失敗銷售員與成功銷售員的區別其實只是那麼一丁點，那就是失敗的銷售員往往一開始就被拒絕了，而成功的銷售員會透過各種技巧引導客戶，讓他們沒有機會說「不需要」。我們透過下面這兩個銷售場景身臨其境地來感受一下其中的區別，做一名成功的銷售員也許並沒有想像中的那麼難。

〔場景一〕

小李：您好，請問是孫先生嗎？

客戶：是的，你是哪位？

小李：是這樣的，孫先生，我是××公司的小李，我是透過物業處查到您的電話的。

客戶：找我有什麼事情嗎？

小李：我公司最近生產了一種產品，可以及時地維護您的下水道，從而避免下水道的堵塞。

客戶：是嗎？非常抱歉，我家的下水道一直都很正常，我們現在還不需要。謝謝！

小李：沒關係，謝謝！

〔場景二〕

小王：您好，請問是孫先生嗎？

客戶：是我！什麼事？

小王：孫先生您好，我是受社區管理處之託，給您打電話的。有件事情我一定要告訴您，不知道您是否聽到過這件事：上個月社區內B座有幾戶家庭發生了嚴重的下水道堵塞現象，客廳和房間裡都滲進了很多水，給他們的生活帶來了很大的不便？

客戶：沒有聽說過呀！

小王：我也希望這不是事實，但的確發生了。很多家庭都在投訴，我打電話給您就是想問一下，您家的下水道是否一切正常？

客戶：是呀，現在一切都很正常。

小王：那就好，不過我覺得您應該對下水道的維護問題重視起來，因為B座的那幾個家庭在沒有發生這件事之前與您一樣，感覺都很正常。

客戶：怎樣維護呢？

小王：是這樣，最近我們公司訓練了一批專業技術人員，免費為各個社區用戶檢查下水道的問題。檢查之後，他們會告訴您是否需要維護。現在我們的技術人員都非常忙，人員安排很緊湊。您看我們的技術人員什麼時候過來比較合適？

客戶：那就今天下午3點過來吧！謝謝你！

看似最短的路，往往有可能走不通。而迂迴的路，有時候往往是最直的路。世道艱難，我們不使用策略，單純地橫衝直撞怎麼能行得通呢？特別是在智商與情商角逐最為激烈的銷售活動中。

很明顯，場景一中的銷售員小李肯定是個直爽人，直接就點明了自己的意圖，結果被客戶的一個「不需要」就拒絕了，且毫無還擊之力。而場景二中的銷售員小王顯得手法老練一些，他非常會採取迂迴戰術，先跟客戶說他聽說客戶所住社區的樓道裡發生了地下道嚴重堵塞，問客戶家的下水道是否正常。這讓客戶產生了好奇心，進而又覺得小王確實是在關心他，所談到的問題也跟自己的切身利益相關。之後小王又故意提醒客戶

重視這個問題，客戶自然進了其設置好的思路中，忍不住主動問小王要怎麼維護。於是，小王就水到渠成地跟客戶說可以讓其公司的專業技術人員幫他免費檢查下水道的問題。客戶當然樂意，答應肯定也是理所當然的事情。這第一步沒吃閉門羹，等小王與客戶接觸了之後，就可以接著進一步促成客戶購買產品了。

所以，很多時候，不是我們很容易被客戶拒絕，而是因為過於直接反而不容易達到自己的目的。在推銷產品之前我們要製造一些機會，讓客戶不會對我們說「我不需要你的產品」。

客戶比你更好奇

好奇是人類一種非常普遍的心理，當你能夠準確地把握並利用這一心理的時候，你往往能夠輕而易舉地征服客戶。下面這個案例就是一個利用客戶的好奇心理成功簽單的典型。

鄭浩是一位從事人壽保險推銷的業務員，一次，他拜訪了一位完全有能力投保的客戶，客戶雖然明確地表示自己很關心家人的幸福，但當推銷員試圖促成投保時，他提出

了不少異議，並且進行了一些瑣碎的毫無意義的反駁。很顯然，如果不出奇招，這次推銷成功的可能性很小。

鄭浩沉思了片刻。然後他凝視著客戶，高聲地說：「先生，我真不明白您還猶豫什麼呢！您已經對我說了您的合約要求，而且您也有足夠的能力支付保險費，您也愛您的家人！不過，我好像向您提出了一個不合適的保險方式，也許我不應該讓您簽訂這一種方式的保險合約，而應該簽訂『29天保險合約』。」

客戶吃驚地瞪大了眼睛，臉上放出光彩，問道：「這29天保險是什麼意思呀？」

「先生，29天保險，就是您每月受到保障的日子是29天。比如這個月有30天，您可以得到29天的保險，只有一天除外。這一天可以任由您選擇，您大概會選擇星期六或星期天吧？」

客戶對這個「29天保險」有些好奇，於是繼續問道，「那這個保險都有哪些內容呢？對我有什麼好處呢？」

鄭浩稍作停頓，說道：「關於『29天保險合約』問題，我想說明一下：第一，這個合約的金額同你所提出的金額是相同的；第二，期滿退保金也是完全相同的；第三，29天保險合約兼具兩個特殊條件，那就是設想您萬一失去支付能力而無力交納保險費，或者因為事故而造成死亡時，另外約定『免交保險費』和『發生災害時增額保金』的條件。

這種29天保險的保險費，只不過是正常規模保險合約保險費的50％，單從這方面來說，它似乎更符合您的要求。」

客戶聽完後，想了想，繼續問道，「聽起來似乎是有很大的優惠，挺不錯的，但是，如果那一天我發生了什麼事情呢？你們會怎麼處理呢？」

鄭浩說道：「是啊，恐怕一般情況下，您那天有可能會選在家中，但是，據確切統計來說，家庭這個地方是最容易發生危險的地方。我在說明這種『29天保障』時說，您每月有1天或2天是沒有保險的。」

客戶起初對於「29天保險」的疑惑逐漸打消，同時，他也對這種保險的不完全性產生了不認同。

這個時候，鄭浩故意停下來不講了，他看著那位客戶，像是在等著什麼，過了一會兒，他才又開口了：「先生，關於這一點請您儘管放心。保險行業內雖然保險方式各種各樣，但對於這種『29天保險』，就目前來講，我們公司尚未認可。我只不過冒昧地說說而已。之所以我會在這裡對您說這些，是因為我想假如我是您的話，也一定會想，無論如何也不能讓自己的家人處於無依無靠的不安定狀態。在您內心大概就是這樣的感受吧，先生？我確信，像您這樣的人從一開始就知道我向您推薦的那份保險的價值。它規定，客戶在一周7天內1天不缺。在一天24小時內1小時也不遺漏，無論何時何地，也

無論您在幹什麼，都能對您的安全給予保障。能使您的家人受到這樣的保障，難道不正是您所希望的嗎？」

這位客戶完完全全地被說服了，心悅誠服地投了費用最高的那種保險。

從這個案例可以看出，鄭浩正是藉由「29天保險」這個讓客戶感覺新奇的事物，激起了客戶的好奇心，客戶由於想瞭解謎底而使推銷員有了繼續往下說的機會。如果沒有這個「29天保險」作鋪墊，那麼推銷就難以成功了。在接下來的對話中，鄭浩充分發揮了自己出色的口才，把客戶的思維始終控制在感性上，最終讓客戶心甘情願地購買了那份保險。

好奇心能夠促使顧客做出具體的購買行為，滿足自身的好奇，也是顧客重要的需求之一。因此銷售人員應重視和利用客戶的好奇心理，最終促成業務的成交。這種經驗值得每一個銷售人員學習。

用精心設計的提問扼殺拒絕

潛能大師安東尼．羅賓說過：「對成功者與不成功者最主要的判斷依據是什麼呢？一言以蔽之，那就是成功者善於提出好的問題，從而得到好的答案。」

推銷員可以透過提問獲得一些資訊，包括客戶是否瞭解你的談話內容，客戶對你的公司和你推銷的產品有什麼意見和要求，以及客戶是否有購買的欲望。

羅必德：「卡特爾先生，依照您的意思來看，您最中意的是與您現在租住樓房相鄰的那幢樓房？」

卡特爾：「是的，那樣的話，從辦公室的窗戶往外看，我仍能看見江中船來船往，碼頭上工人們繁忙工作的熱鬧景致。而且我的一些職員也向我推薦買那幢房子。」

羅必德：「但我的意思是，您為什麼不買下鋼鐵公司本來租著的這幢舊樓房呢？要知道相鄰那幢房子中所能眺望的景色，不久便會被一所計畫中的新建築所遮蔽，而這幢舊房子還可以保證對江面景色的眺望。」

卡特爾：「不行，我對這幢舊房子沒有一點購買的意思。你看這房子的木料太過陳

舊、建築結構也不太合理，還有……」

（羅必德靜靜地聽著，聽著聽著，發現卡特爾對那所樓房所給予的批評，以及他反對的理由都是些瑣碎的地方，顯然可以看出，這並不是出於卡特爾本人的意見，而是出自那些主張買相鄰那幢新房子的職員的意見，心裡便明白了八九分，知道卡特爾說的並不是真心話，其實他心裡真正想買的，卻是他嘴上竭力反對的他們已經租下的那幢舊房子。這樣羅必德心裡已經有了一定的勝算。當卡特爾說完樓房缺點後，羅必德在電話裡沉默著，似乎在思考什麼，過了一會兒才說話。）

羅必德：「先生，您初來紐約的時候，您的辦公室在哪裡？」

卡特爾（沉默了一會兒）：「什麼意思？就在這棟房子裡。」

羅必德（等了一會兒）：「鋼鐵公司在哪裡成立的？」

卡特爾（沉默了一會兒，並且說話的速度很慢）：「也是這裡，就在我們此刻所坐的辦公室裡誕生的。」

（羅必德在電話中又開始沉默，兩人都在沉默中。終於卡特爾開口了。）

卡特爾（激動地）：「我的職員們差不多都主張搬出這幢房子，然而這是我們的發祥地啊。我們差不多可以說是在這裡誕生、成長的，這裡實在是我們應該永遠長住下去的地方呀！你趕緊過來，咱們把具體事項辦一下。」

由此看出，有效的提問在整個溝通進程中發揮著重要的作用，雖然提問沒有什麼標準的模式，但是下面的一些實踐練習能夠啟迪你的提問智慧，幫助你樹立起提問的意識，同時善於提問、精於提問，提出的問題要問得到位。

1. 先瞭解客戶的需求層次，然後詢問具體要求。瞭解客戶的需求層次以後，就可以掌握你說話的大方向，把提出的問題縮小到某個範圍之內，從而瞭解客戶的具體需求。如客戶的需求層次僅處於低級階段，即生理需要階段，那麼他對產品的關心多集中於經濟耐用上。

2. 提問應表述明確，避免使用含糊不清或模稜兩可的問句，以免客戶聽起來費解或誤解。

3. 提出的問題應儘量具體，做到有的放矢、一語道破，切不可漫無邊際、泛泛而談。針對不同的客戶提出不同的問題，才能切中要害。

4. 提出的問題應突出重點、扣人心弦。必須設計適當的問題，誘使客戶談論既定的問題，從中獲取有價值的資訊，把客戶的注意力集中於他所希望解決的問題上，縮短成交距離。

5. 提出問題應全面考慮，迂迴出擊，切不可直言不諱，避免出語傷人。

6. 洽談時用肯定句提問。在開始洽談時用肯定的語氣提出一個令客戶感到驚訝的問

題，是引起客戶注意和興趣的可靠辦法。

7. 詢問客戶時要從一般性的事情開始，然後再慢慢深入下去。

在一開始就激發客戶的興趣

銷售人員要想不被當場回絕，就要在一開始的時候把客戶漫不經心的注意力變得越來越集中，讓客戶對你陳述的事實產生興趣。在陳述階段，對客戶進行意向性的試探，是增加客戶興趣的階段，要用各種方法發展客戶的興趣和欲望。

美國傑出的銷售人員雷蒙．施萊辛斯基在應對客戶排斥心理時，採取的是「讓客戶給我5分鐘」的辦法。他說：「通常我在做銷售拜訪的時候，我總是要求客戶或潛在的客戶給我5分鐘的時間，而事實上我可能需要的只是2分鐘。

「當然，有時你無法在5分鐘內把事情說清楚，但是只有你要求別人給你5分鐘時間，他們才更有可能給你一個正式的機會。一旦你走進了大門，並對他們描述了一件完美的事物，即便這可能會持續半個甚至一個小時，人們一般都會讓你繼續下去。從另一方面來看，如果人們對你所說的絲毫沒有興趣，那麼1分鐘都已經是多餘的了。

「我早期慣用要求5分鐘的機會進行15或者20分鐘的生動遊說。通常情況下，我會用5分鐘的時間進行簡單的介紹，然後站起來假裝準備離去，這時候客戶一般都會不自覺地放鬆警惕，我就抓住這個時機說：『還有一點需要解釋。』

「於是又可以遊說2～3分鐘，這時我會說：『我確實得走了，但是在走之前我希望確信您已經完全明白了我所說的東西。』

「我拿起皮包走向房門，就在關門之前我又會停頓一下，然後說：『我希望您最後考慮一下。』這5分鐘的商業拜訪取得成功的原因並不僅僅在於這5分鐘裡讓客戶瞭解了什麼，而是你在與他見面之前所做的辛苦準備，為此你可能需要花費幾個星期甚至幾個月的時間。

「因為當5分鐘的約會結束的時候，我甚至將比他的家人更瞭解我所面對的客戶，包括他的興趣、觀點、愛好和需要，等等。」

實際上，5分鐘只是一個展示自己的機會，施萊辛斯基要做的是，無論有多少時間，他都要遵循三個原則來進行自己的銷售講話，以激發客戶對產品的興趣。

1. 在最初說話的幾秒鐘內，用生活或工作中客戶最關心的事情把客戶的注意力吸引過來。

2. 每個人都有情感的弱點，比如一些令客戶非常感動並認同的事情，而這些事可能

與他們的生活和工作毫無關聯，它可能只是一個夢想、一個希望或者一個承諾。銷售人員要發現客戶的情感弱點，然後迫使他們說「是」。

3. 說話再富有創意一些。同樣一件事由於說法的不同，產生的效果也有天壤之別。富有創意的語言可以激發客戶與你交談下去的興趣。平淡無奇的語言，只能導致客戶拒絕你，從而中斷你們之間的談話。

巧用「連鎖介紹法」

我們對於陌生人，總有一種心理上的排斥，因為沒有見過、沒有瞭解過，所以，我們不能對對方的人品、行為有信任感，這樣，就形成了人際之間的一種斷層。但是，如果是「朋友」的「朋友」，甚至是再隔著好幾個「朋友」，中間就形成了一條人際關係鏈，這條「鏈」的存在是有十分微妙的作用的。因為有著關係鏈的人要比陌生人能夠更快建立信任感、好感，甚至是第一次接觸的抵觸情緒都會小很多。那麼，銷售人員就可以很好地利用這一點了。

喬·吉拉德是世界上汽車直銷最多的一位超級銷售員，連鎖介紹法便是他常用的一

個方法，只要任何人介紹客戶向他買車，成交後，他就會付給每個介紹人25美元，這不是一筆龐大的金額，但也足夠吸引很多人。

同時，喬．吉拉德指出，銀行的貸款員、汽車廠的修理人員、處理汽車賠損的保險公司職員，這些人幾乎天天都能接觸到有意購買新車的客戶，是適合發展為介紹人的對象。

喬．吉拉德說：「首先，我嚴格要求自己『一定要守信』、『一定要迅速付錢』。例如當買車的客人忘了提到介紹人時，只要能聯繫到介紹人，我就一定會及時把錢送到他的手上。」就是靠著這麼一種以人帶人的「有償」介紹，喬．吉拉德創造了無比卓越的銷售業績。

連鎖介紹法是指透過老客戶的介紹來尋找有可能購買該產品的其他客戶的一種方法，又稱「介紹尋找法」或「無限尋找法」，該方法是企業常用且行之有效的方法。

每個人都有一個關係網，而客戶開發就是依靠關係網進行的，客戶開發的過程也就是編製客戶網的過程。打個比方，我們把產品賣給A，A再把我們的產品介紹給B或C，B和C再介紹給他們的朋友，依此類推，不斷地繼續下去……這樣重複12次，我們就可以透過一個客戶而得到8400名客戶。

一般而言，利用連鎖介紹法尋找客戶的開發方法有以下三個方面值得注意：

1. 優點的兩個方面

（1）資訊比較準確、有用。客戶知道在什麼時候他的哪位朋友需要這樣的產品，客戶對你銷售的產品比較感興趣，可以減少客戶開發過程的盲目性。比如說去銷售報警器，它的主要客戶將是物業管理者，那麼誰認識物業管理者多呢？還是物業管理者。所以說找誰去銷售呢？當然還是物業管理者。

（2）能夠增強說服能力。由於是經熟人介紹，所以易取得對方的信任感，成功率也就較高。如果是對方的朋友、上司或同學介紹的，他會相信自己朋友的介紹，相信他們對你的產品的讚美，這對你的銷售行為有絕對的影響力。

2. 需要注意的兩點事項

（1）運用卡片。也就是不管業務達成與否，都寄出感謝的卡片，然後再打電話讓他介紹幾名朋友。許多人沒有做成生意就離開了客戶，然而日本人奉行的是即使摔倒了也要抓把沙的原則，即使這次業務不成功，也要客戶再介紹一名客戶。

（2）爭得客戶信任。只有客戶相信了你的產品、你的為人，才有可能為你介紹更多的客戶。

3. 實際操作中遇到的兩大難題

（1）事先難以制訂完整的客戶開發訪問計畫。

（2）銷售人員常常處於比較被動的地位。

使用連鎖介紹客戶時，必須慎重：要善於使用各種關係；必須取信於現有的客戶；有必要給現有的客戶一定的利益；即使有老客戶事先給你介紹，打電話前也要先摸清新客戶的情況，以免到時處於被動地位。

透過上述方式轉介紹來的客戶，銷售人員是很容易從他們那裡獲得想要的相關資料的，而且這樣獲得的資料準確性很高。人與人之間都有一條無形的鏈，每個人就是一個結點，在這個由人構成的關係網絡中，我們可利用結點法尋找到更多的新客戶。

讓顧客感覺物超所值

市場競爭越來越激烈，消費者對商品越來越挑剔苛刻，往往貨比三家、千挑百揀。商家若不下足力氣，很難留住消費者的心。在消費者的購買行為中，促使消費者做出購買決定並不完全是因為產品本身的價值，消費者感覺價值的判定是消費者是否購買的重要依據。顧客對某一產品感覺物超所值時，就會較為容易地做出購買決定。

某軟體公司銷售人員向一家貿易公司財務部部長推銷一款財務軟體。這款軟體定價

為3萬6千元，部長覺得價格有點高，一直為是否購買而猶豫不決。

看到這種情況，銷售人員決定為這位部長算一筆帳。他問部長：「部長，對帳費時間嗎？不知道您這邊是經常需要對帳，還是偶爾才需要對一次帳呢？」

部長表示，由於這家貿易公司是大型賣場和廠商的中間商，需要在財務上每天和賣場及廠商進行核帳。一天起碼有3個小時的時間是用在核帳上面。部長對此很苦惱。

於是銷售人員就趁機說：「我們這款軟體的授權使用時間是10年，也就是大約3600天，平均下來每天的成本才是10塊錢。而這10塊錢對公司來說，可以忽略不計，而對您的意義可就大為不同。它等於讓您每天空出3個小時的時間。您覺得值不值得？」

部長肯定會覺得值，等到銷售人員剛把話說完，他就立即決定購買一套。

讓顧客感覺物超所值，牽涉到一個重要概念：顧客價值。顧客價值是從消費者的感官為出發點的概念，它是指顧客從購買的產品或服務中所獲得的全部感知利益與為獲得該產品或服務所付出的全部感知成本之間的對比。如果感知利益等於感知成本，則是「物有所值」；如果感知利益高於感知成本，則是「物超所值」；感知利益低於感知成本，則是「物有不值」。

從銷售技巧上來看，銷售人員最後使客戶欣然接受了這款軟體的價格，是因為巧妙運用了「除法原則」。銷售人員將3萬6千元的財務軟體，分解為每天的成本才10塊錢，

使客戶在心理上覺得價格足夠便宜。但從消費者心理學上來看，銷售人員的銷售技巧使部長產生了一種物超所值的感覺。花10塊錢就能換來3個小時的閒置時間，天底下哪還有這麼超值的事？

行銷大師科特勒教授曾經說：「除了滿足顧客以外，企業還要取悅他們。」隨著行銷服務的快速發展，以往的「顧客滿意」已經不能得到消費者的青睞。在市場競爭越來越激烈的情況下，要想使產品暢銷，使企業永遠處於不敗之地，應該更為關心「上帝」的感知。

因為顧客是企業產品和服務的最終購買者，他們的感知對於企業來說就是一切。無論產品或服務實際情況如何，只要顧客感覺好就是好。所以，從顧客價值的角度出發，如果顧客感到一個企業的產品價值高，那麼這個企業的產品就有競爭力。為了保持長久的市場競爭力，就要尊重和引導顧客的心理感受，讓顧客覺得當前選擇就是最划算的決定。

優秀的銷售人員一定要在消費者提出拒絕之前在顧客價值上多做文章，透過抓住讓消費者「心動」的關鍵點，使消費者在心理上產生物超所值的愉悅感和滿足感，從而使企業獲得銷售機會。

掌控語言的表述順序

說話不分場合，不懂得說話的時機，這樣的銷售員注定會收到客戶的拒絕，遭遇失敗的命運。因此銷售員最需要注意的一點就是，說話要講究火候，在適當的時候說適當的話。因為語言順序的不同安排可能會造成客戶完全不同的兩種資訊接收效果。比如，我們可以比較一下以下兩句話的不同效果：

一：女士，這種面霜只要250元，而且現在正在做活動，還能夠送一些小樣品……什麼？不需要？我看您是混合性皮膚，這種面霜真的效果很好。

二：女士，您看起來像是混合性皮膚，那我就推薦這種面霜，效果真的很好。而且現在正在做活動，250元一瓶，還可以送很多小樣品。

從這兩段話裡面，我們可以看出什麼問題嗎？

第一段話裡面先把活動折扣說了，雖然的確是利用到人們偏愛物美價廉的喜好，但是，產品本身的效果並不清楚，客戶自然也不知道是物美價廉的。那麼，這句話現在就有一種輕視嫌疑——現在已經打折，趁著便宜你就快買吧，貴了你也買不起。而到了後

面被拒絕之後，再回頭去貪求客戶的需要，就已經太遲了，甚至會給人一種糾纏不休的感覺，令人心煩。

而第二段話從成分來說沒有很大的改變，但是，卻很有技巧地把該先說的話放在了前面。它先把客戶的需要點明，讓對方看到銷售人員的確是用心在為其有針對性地進行服務，等這個好感建立後，再提出價格優勢，就等於是錦上添花的效果了。由此，語言順序的重要性可見一斑。我們來看看下面這個實際案例：

銷售人員：「張經理您好。」

客戶：「你是哪裡？」

銷售人員：「我是揚潤管理控制公司，我們公司的主要業務是為用戶提供一整套開源節流的推薦計畫。」

客戶：「你有什麼事嗎？」

銷售人員：「我們希望對貴公司目前的庫存狀況做一個調查，並告訴你們如何運用我們的『排列控制管理』的方法，來活化你們庫存資金的10％。」

客戶：「哦。是這樣。」

銷售人員：「但是，在您得到這項服務之前，我們要收取150元的預付金，可是從給你們帶來的效益上來說，可不是用幾個150元可以計算的。」

客戶：「你說的這件事目前我們還不感興趣，再見。」

案例中銷售人員在初識的階段就提出這類問題：「……我們希望對貴公司目前的庫存狀況做一個調查，並告訴你們如何用我們的『排列控制管理』的方法，活化你們庫存資金的10％。」

這是不合適的，顯得很唐突。

為什麼說唐突呢？顧客並不瞭解你們的狀況，你們之前也未向顧客送過一份有關該項服務的說明。對於顧客來說，這項服務在感性認識或理性認識上都不存在，那麼貿然說這種話會有什麼後果呢？會有一種把對方當智力貧乏者對待的嫌疑。因為它讓人感覺「你是在說我們的經營管理很差」，或者「你們的經營管理比我們更有效、更節省成本，我應該接受你們指點」。在火候不到的時候說出這類話，很容易給人以「居高臨下」式的感覺，讓人聽完之後有種受辱感。

把應放在後面說的話放到了前面來講，就會出現這種弊端。也就是說，這句話本來應該放在瞭解客戶需求後再講。如果非要在這裡說，就需要說得圓滑點。比如：「有許多顧客，他們都願意花一些時間和精力，用我們提供的『排列方案』整理他們的庫存，然後讓滯銷的存貨順利地出清。錢嘛，正像您知道的，如果不發揮作用就沒有價值。」

不掌握火候，在不恰當的時候說不恰當的話，就是致使客戶最終拒絕的真正原因。

所以，一個優秀的銷售人員，必定知道如何巧妙地平衡語言和掌控語言的表述順序。

按照顧客的性格進行溝通

許多銷售人員把「你希望別人怎樣待你，你就怎樣對待別人」視為推銷的黃金準則。問題是，銷售人員的性格和處事方式並非與客戶完全一樣，銷售人員按照自己喜歡的方式對待客戶，有時會令客戶不愉快，從而給成功投上陰影。銷售人員按照客戶喜歡的方式對待客戶，就會贏得客戶的喜歡。所以銷售人員在面對一位潛在客戶時，必須清楚地瞭解自己和客戶的行為方式是什麼，這樣才能使自己的行為恰如其分地適合於客戶的需要。你要學會用客戶希望的方式與之交往，要學會用人們希望的方式向他們出售，要學會調整自己的行為、時機選擇、資訊、陳述以至於要求成交的方式，以便使自己的行為適合於對方。

所以，在溝通過程中就要求銷售人員及時分析客戶的性格以便進行溝通。

為了更形象地在電話中判斷對方的性格，我們將人的性格特徵和行為方式按照行事的節奏和社交能力分為4種類型，並分別用4種動物來表示：

1．**老鷹型的性格特徵**

老鷹型的人做事爽快，決策果斷，以事實和任務為中心，他們給人的印象是不善於與人打交道。這種人常常會被認為是強權派人物，喜歡支配人和下命令。他們的時間觀念很強，講求高效率，喜歡直入主題，不願意花時間和人閒聊，討厭自己的時間被浪費。所以，在電話中和這一類型的客戶長時間交談有一定難度，他們會對事情主動提出自己的看法。

由於他們追求的是高效率，時間觀念很強，所以，他們考慮的是他們的時間得花得值得；他們會想盡辦法成為領先的人，希望具有競爭優勢，嚮往第一的感覺，他們需要掌控大局，往往是領袖級人物或總想像自己是領袖級人物；對他們來說，浪費時間和被別人指派做工作，都將是難以接受的。

2．**貓頭鷹型的性格特徵**

這類人很難讓人看懂，做事動作緩慢。他們在電話交流中音量小而且往往處於被動的一方，不太配合通話對方的工作。如果對方表現得很熱情的話，他們往往會難以接受。

他們喜歡在一種自己可以控制的環境下工作，習慣於毫無創新的守舊的工作方式。他們需要與人建立信任的關係。個人關係、感情、信任、合作對他們很重要。他們喜歡團體活動，希望能參與一些團體，而在這些團體中發揮作用將是他們的夢想。另外要注

意，他們不喜歡冒險。

3．鴿子型的性格特徵

該類人友好，鎮靜，做起事來顯得不急不躁，講話速度往往適中，音量也不大，音調會有些變化。他們是很好的傾聽者，也會很好地配合通話對方。他們需要與人建立信任關係。他們喜歡按程序做事，且以穩妥為重，即使要改革，也是穩中求進。他們往往多疑，安全感不強，在與人發生衝突時會主動讓步，在遇到壓力時會趨於附和。

4．孔雀型的性格特徵

孔雀型的人基本上做事爽快，決策果斷。但與老鷹型的人不同的是，他們與人溝通的能力特別強，通常以人為中心，而不是以任務為中心。如果一群人坐在一起，孔雀型的人很容易成為交談的核心，他們很健談，通常具有豐富的面部表情。他們喜歡在一種友好的環境下與人交流。社會關係對他們來講很重要。他們給人的印象一般是平易近人、樸實、容易交往。

孔雀型的人做決策時往往不關注細節，憑感覺做決策，而且速度很快，研究表明，三次的接觸就可以使他們下定決心。同時，他們也喜歡有新意的東西，那些習以為常、沒有創意、重複枯燥的事情往往讓他們倒胃口。

在銷售溝通中，尤其是電話銷售，由於我們看不到對方，所以，我們只能依靠對方

的聲音要素和做事的方式來進行判斷。但由於我們第一次與客戶在電話中交流，可能對客戶的做事方式瞭解得還不夠，所以，聲音要素就成了我們在第一時間判斷客戶性格特徵的重要依據。

對方講話的速度是快還是慢？聲音是大還是小？一般來說，老鷹型的人和孔雀型的人講話聲音會大些，速度會快些，而鴿子型和貓頭鷹型的人則相反。所以，透過對方講話的速度和音量可以判斷他是屬於老鷹型和孔雀型的人，還是鴿子型和貓頭鷹型的人。

對方是熱情還是有些冷淡？對方在講電話時是面無表情，還是眉飛色舞（即使我們看不到對方，但相信透過聲音，我們還是可以判斷出這一點）？對方是否友好？一般來說，老鷹型和貓頭鷹型的人，在電話中會讓人覺得有些冷淡，不輕易表示熱情，銷售人員可能會覺得較難打交道；而孔雀型的人和鴿子型的人則是屬於友好、熱情的。

我們現在已經基本可以透過電話來識別客戶的性格特徵，接下來我們如何適應客戶？答案就是盡可能地配合客戶的性格特徵，然後再影響他。舉例來說，如果客戶的講話聲音很大，我們也要相應提高自己的音量；如果客戶講話很快，我們也要相應提高語速。然後，我們再慢慢恢復到正常的講話方式，並影響客戶也將音量放低或放慢語速。

任何一種客戶性格都要在我們進行分析後才會得出結論，分析來源於資料，資料來源於聆聽。不同的客戶往往具有不同的行為方式和性格特徵，這就要求銷售人員能在交

流時適應客戶的性格，並給客戶一種自己和他是同一類人的感覺，這無疑對銷售是有極大幫助的。

告訴客戶「權威」也用你的產品

公共權威在如今的市場經濟中被成功地運用於各個領域，比如說廣告。推銷同樣也可以利用有影響力的人增加推銷本身的吸引力和可信度。從心理學來看，這就是「權威效應」。

權威效應，又稱為權威暗示效應，是指一個人要是地位高，有威信，受人敬重，那他所說的話及所做的事就容易引起別人重視，並讓他們相信其正確性，即「人微言輕、人貴言重」。

「權威效應」的普遍存在，首先是由於人們有安全心理，即人們總認為權威人物往往是正確的楷模，服從他們會使自己具備安全感，增加不會出錯的「保險係數」；其次是由於人們有讚許心理，即人們總認為權威人物的要求往往和社會規範相一致，按照權威人物的要求去做，會得到各方面的讚許和獎勵。

史蒂爾是一位經驗豐富的推銷員，每次成交後，他都讓顧客簽上自己的名字，特別是一些比較有身分、地位的顧客，當他去拜訪下一位顧客時，總是先把名單放在桌上。

「我們很為我們的顧客驕傲，您是知道的。」他說，「您知道高等法院的理查法官嗎？」

「哦，知道！」

「這上面有他的名字，您更應該知道我們的布萊恩市長吧！」

史蒂爾興致勃勃地談論著這些名字，然後說：「這是那些受益於我們產品的人。他們喜歡……」他又讀了更多有威望的人名：「您知道這些人的能力和判斷力，我希望能把您的名字和理查法官及布萊恩市長列在一起。」

「是嗎？」顧客很高興，「我很榮幸。」

接下來，史蒂爾開始介紹他的產品，最後成交了。

史蒂爾憑藉著這些顧客名單，取得了很好的銷售業績。

在這個案例中，我們看到史蒂爾就是善用這一推銷技巧的高手。他在向顧客推銷產品時，要求顧客，特別是有身分、地位的顧客簽上自己的名字，這為他以後的推銷奠定了基礎。

當他向其他顧客推銷產品時，就把有顧客親筆簽名的單子給顧客看，並且說：「我

希望能把你的名字和理查法官及布萊恩市長列在一起。」這是典型的利用權威的策略，使客戶失去理性思考，陷入對權威的盲從狀態。

其實，顧客並不是相信理查法官和布萊恩市長本人，而是相信了他們的頭銜——外界授予的頭銜，繼而影響到自己原有的鑑別能力，認為連這些名人都用他們公司的產品，那就肯定錯不了，最終高高興興地簽上自己的名字，購買了史蒂爾的產品。史蒂爾的利用權威的策略取得了顯著效果，從事銷售行業的推銷員不妨借鑑一下。

從談話中找到被拒絕的癥結

銷售過程也是一種溝通過程，最巧妙的溝通是透過談話能夠達到自己的目的。尤其是在客戶對我們的銷售提出異議的時候，我們就一定要關注到這個異議。我們要思考，客戶為什麼會對我們的銷售意見產生排斥，或者提出拒絕？他/她提出拒絕的理由是什麼？這個理由是否成立？客戶反對意見本身又隱含著怎樣的潛在資訊……這些都是需要我們關注的問題，也就是我們必須要從與客戶的談話中找到被拒絕的癥結。

銷售員：「先生，您是說您想買一個教育性的玩具送人？」

客戶：「對，得有一定的教育性。」

銷售員：「我們的拼圖玩具就是一個不錯的選擇。」

客戶：「我可看不出一幅拼圖有什麼價值。」

銷售員：「當您說『價值』時，您指的是教育價值，還是金錢價值呢？」

客戶：「對我來說，拼圖可真是太難了，弄得我是焦頭爛額，需要的拼塊老是找不著。我還記得每次我只能拼出幾種顏色，完整的一幅圖我從未拼出過。」

銷售員：「所以您就覺得拼圖很困難，是不是？」

客戶：「或許它並不是那麼困難，只是因為我不知道怎樣拼罷了，現在的拼圖是不是更容易些了呢？」

銷售員：「您說得對，現在的拼圖盒子的背面都有些拼法說明，文字通俗淺顯，遵循這些說明做會很容易。上面對拼搭步驟寫得很清楚。首先將所有的拼塊放在一個平面上，然後再將相同顏色的分門別類地放在一起，接著從4個角開始，一塊一塊自外而內地拼搭。」

客戶：「這樣就好多了。我真希望幾年前就有這樣的說明（哈哈笑了），那樣的話拼起來就簡單多了。對了，有什麼圖案的？」

銷售員：「圖案有幾種，動物、植物，還有風景的。」

客戶：「我比較喜歡風景的。這幅拼圖共有多少塊？」

銷售員：「有2000塊，得花14個小時才能拼完，但拼出來後會很漂亮。」

客戶：「你認為小孩子能從中學到什麼知識嗎？」

銷售員：「當然能了。拼圖可是孩子學習和培養心理技能的一種很好的途徑。」

客戶：「你的意思是？」

銷售員：「在孩子尋找正確拼塊的過程中，會挑戰其想像力，而在拼搭過程中，拼圖又會挑戰其邏輯能力。從四邊向內心拼搭時，則能培養孩子的分析能力。它能培養孩子色彩協調的技巧及對拼塊組合的節奏感，另外，它還有助於孩子們去創作。」

客戶：「創作？此話怎講？」

銷售員：「他們看著盒子上完整的圖像，接著開始一次一塊地拼搭，而這需要堅持不懈。有時拼塊能吻合，有時則不然。這樣他們就學會了不斷地去嘗試，一直到拼出與盒子上的圖像完全一致的圖為止。這也正是我們在現實生活中創作的方式——堅持不懈，不斷地進行嘗試。」

客戶：「（停頓了一下）我想你是對的。好，我買一盒風景圖案的，這真是件很棒的禮物，下午能送到嗎？」

銷售員：「可以，要不要把它包裝起來？我們這兒有些很漂亮的包裝紙。」

客戶：「好的，謝謝你。」

在此案例中，銷售員建議客戶買一幅拼圖玩具送人，當聽到客戶說「我可看不出一幅拼圖有什麼價值」後，銷售員反問了一句：「當您說『價值』時，您指的是教育價值，還是金錢價值呢？」這句回答重新組織了客戶的問題，在客戶看來，銷售員的這個反問似乎是為了更好地回答自己的問題，讓客戶認為銷售員在回答他的問題的時候比較慎重，並不是匆匆忙忙地迴避自己的問題。這是銷售溝通技巧一個很好的表現。

當瞭解到客戶是因為覺得拼圖很困難才不願購買後，銷售員透過強調拼法說明、文字通俗淺顯、色彩及邏輯介紹，取得了客戶的認同。接著，銷售員又把拼圖對小孩子的好處進行了詳細的介紹，最後客戶認為拼圖的價值確實很大，所以決定購買。

在整個推銷過程中，銷售員透過瞭解客戶的心理，針對客戶的疑問做出詳細的解答，逐漸找到問題的癥結所在。所以，這就要求銷售人員不能被表面的客戶的疑惑蒙蔽，而應該以此探求話題的關鍵所在，從而成功說服顧客，促成交易。

在推銷過程中，推銷員需要仔細傾聽客戶說的話，瞭解客戶的心理，找到客戶拒絕的原因所在，只有這樣，才有可能滿足客戶的需求，順利成交。

客戶對產品沒熱情才拒絕

很多時候，客戶之所以拒絕你，並不是沒有需求，也並不是沒有購買動機，而是因為需求沒有過於緊急，動機沒有明確起來，即他對你的產品並未有過於積極的熱情，這也就是你沒有調動起客戶本身的積極性來。

在銷售過程中，有經驗的銷售人員會調動客戶的積極性，讓客戶「動」起來，而不是讓客戶坐在辦公桌後面聽枯燥的「演講」。調動客戶的積極性就是讓客戶參與到銷售中來，與你一起互動，就和跳舞一樣，只有你與客戶興致勃勃，協調互動，才能攜手跳出美麗的舞步。

1. 讓客戶自我感覺良好

玫琳凱化妝品公司創始人玫琳凱說：「每個人都與眾不同！我真的相信這一點。我們每個人都會自我感覺良好，但我認為讓別人也這麼想同樣重要。無論我見到什麼人，我都竭力想像他身上顯現一種看不見的信號：讓我感覺自己很重要！我立刻就對此做出反應和表示，於是奇蹟出現了。」

難怪玫琳凱能夠成為美國歷史上最成功的女商人之一。她懂得如何讓別人自我感覺良好，從而達到推銷的目的。

讓客戶自我感覺良好，讓他們知道你對他們真的很感興趣，他們才會無拘無束地打開話匣子，與你交談。比如，當你走近一位滿身油煙味，頭戴廚師帽的客戶時，你說：「嗨，你一定是在某間大飯店工作吧！」他會很喜歡與你談話的。

「是，我在麗晶酒店工作。」他回道。

「那你肯定是主廚囉？你擅長哪個菜系？」你可以讓他繼續談下去。

可以預見，你們的談話會很愉快。

一個成功的銷售人員講了他的一個銷售故事。

有一次，當馬克問一位客戶從事什麼工作時，他回答說：「我在一家螺絲機械廠上班。」

「別開玩笑……那您每天都做些什麼？」

「製造螺絲釘。」

「真的嗎？我還從來沒見過怎麼造螺絲釘。哪一天方便的話，我真想上你們廠看看，您歡迎嗎？」

等到有一天馬克特意去工廠拜訪他的時候，看得出那個工人真是喜出望外。他把馬

克介紹給年輕的工友們，並且自豪地說：「我就是從這位先生那兒買的洗衣機。」於是馬克趁機送給每人一張名片，正是透過這種策略，他獲得了更多的生意。

馬克只想讓對方知道他重視對方的工作。或許在這之前，從未有誰懷著濃厚的興趣問過對方這些問題。相反，一個不成熟的推銷員可能會在無意中傷害客戶的心：「你在造螺絲釘？這工作多累啊，工資肯定也很低吧？」千萬別說這些讓客戶感覺不好的話，否則，他會緊緊地閉嘴，不再與你交談。

2. 讓客戶行動起來

優秀的銷售人員在做生意時，常常會設法讓客戶行動起來——請他們試試商品。然後跟著他們，以便回答各種問題。當客戶嘗試時，他們會覺得自己似乎已經是商品的主人了，而這正是嘗試希望他們產生的感覺。他們會逐漸習慣產品，一旦他們習慣了，那麼成交就僅僅是一個手續的問題。

譬如，一名出色的珠寶商人會把一枚漂亮的戒指戴在一位女士的手指上，悄悄觀察她的反應。要是她喜歡的話，商人就會說：「好是好，只是稍微大了點。不過，我會把它弄得完美無缺。太太，請問您貴姓？我會替您把它刻在戒指上。」

同樣，精明的服裝推銷員要是看到一位客戶很欣賞一套西服時，他會把它取下來，對客戶說：「那邊有試衣間，您可以穿上看看。」當客戶出來的時候，他會指著一面鏡

子說：「先生，您來照照。瞧，這衣服的顏色多適合你，簡直是為您訂做的！」

如果客戶不反對的話，你可以拿出一把尺，在客戶身上比來比去。

「這西裝兩肩正合適，不過，背面稍微收短了一點。」

「袖子稍長了一點。」他好像自言自語地說，「您想讓襯衫袖口露出來嗎？」他一本正經地問。

客戶點頭。

「那麼，我就給您剪掉這麼長。」

雖然客戶沒有開口說話，但他的沉默就意味著默許，這單生意通常會成交的。

3. 激發客戶的自主意識

激發出客戶的自主意識對銷售人員來說有莫大的好處，因為對銷售人員來說，客戶的自主意識越強烈，他們就越容易被讀懂。在這裡，我們不能把自主意識和自高自大混為一談。有較強自主意識的人會強調自己、重視自己，而自高自大的人卻常常貌似驕傲，實則內心自卑。客戶的自主意識可以幫助我們快速地瞭解他。

具有自主意識的人一般信任自己，並且願意冒險。銷售人員喜歡和這類人做生意，因為他們在決策時表現出充分的自信。另一方面，自主意識不強的人害怕冒險，在購買昂貴商品時猶豫不決，因為他們擔心做出錯誤的決定。要是和這類客戶打交道，推銷員

就很有必要掌握主動權，控制局面。

要想啟動客戶內心的自主意識，可以從瞭解客戶的資料開始，正如一名優秀的銷售人員所說的：「事先做好充分的準備使我受益良多。當他們發現我對他們的生活瞭解得如此之多、如此之深時，他們簡直有些受寵若驚的感覺。不用說，我已經贏了好幾分。」

當客戶知道你是這麼想瞭解他，對他感興趣，他會打開話匣子，積極地參與到銷售中來。

「也許推銷最好的辦法就是用大部分時間去聽客戶說話，有自主意識的人都喜歡別人洗耳恭聽，所以我就靜坐一旁，一臉的專注神情。但是，我不會到此為止，我在聆聽的同時還會拿出筆記本和鉛筆，大致記下他們說的話——而他們也喜歡我這樣！我做筆記並不僅僅是為了得到一些資訊，更重要的是透過記錄那些『智慧的珍珠』極大地滿足他們的自主意識，讓他們興致大增——而我最終拿到了想要的訂單。」

看清客戶隱藏的購買動機

購買動機是指為了滿足顧客需求而驅使或引導顧客向著已定的購買目標去實現或完成購買活動的一種內在動力。它是購買行為的直接出發點。需求與欲望是購買動機形成的基礎，而購買動機則是購買行為發生的驅動力。雖然顧客的購買動機是複雜多變的，但是經過長期的調查分析和理論研究，人們總結出一些典型的購買動機模式。

說到每一次具體、個別的購買行為，其背後的動機雖然多種多樣，但同樣可以經過大量的觀察、分析和總結，依然找出消費者具體購買動機的主要類別。某個消費者到店鋪購買一雙皮鞋的動機，可能屬於下面所列的一種，也可能同時具有兩種甚至兩種以上的動機。

1．求實購買動機

求實購買動機是指消費者以追求商品或服務的使用價值為主導傾向的購買動機。在這種動機支配下，消費者在選購商品時，特別重視商品的品質、功效，要求一分錢一分貨。相對而言，對商品的象徵意義，所顯示的「個性」，商品的造型與款式等不是特別

強調。比如，在選擇布料的過程中，當幾種布料價格接近時，消費者寧願選擇布幅較寬、質地厚實的布料，而對色彩是否流行等給予的關注相對較少。產生這種購買動機的原因主要是受到經濟條件的限制和傳統消費習慣和觀念的影響。任何一位顧客都希望自己能買到最經濟實惠的商品，這種求實心理是顧客普遍具有的消費心理。

2．**求新購買動機**

這是以追求商品的新穎、奇特、趨時為主要目標的購買動機。這種動機比較注重商品的外觀造型、式樣、裝潢及時尚性。相對而言，產品的耐用性、價格等成為次要考慮的因素。只要具有吸引人、新奇或超前於社會流行而表現得與眾不同等特點，都可以成為購買的對象。此類消費者多為年輕人或收入較高者，易受廣告宣傳和外界刺激的影響，他們往往是新式商品和流行趨勢的接受者和追求者。

3．**求美購買動機**

求美購買動機是以追求商品的欣賞價值和藝術價值為主要目的，注重產品的顏色、造型、款式和包裝等外觀因素，講求產品的風格和個性化特徵的美化、裝飾作用及其所帶來的美感享受。

求美購買動機的核心是講求賞心悅目，注重商品的美化作用和美化效果，它在受教育程度較高的群體以及從事文化、教育等工作的人群中是比較常見的。據一項對近400名

各類消費者的調查發現，在購買活動中首先考慮商品美觀、漂亮和具有藝術性的人占被調查總人數的41.2％，居第一位。而在這中間，大學生和從事教育工作及文化藝術工作的人占80％以上。

4．求利購買動機

這種動機以追求價格低廉而獲得較多的利益為主要目標。這類顧客對價格反應敏感，因此對價格優惠品、特價品、折價品、處理品等比較感興趣。而對產品的品質、花色、款式、品牌和包裝等則不十分挑剔。具有這種購買動機的人往往以經濟收入較低的人為多。一些較高收入者也會對「物美價廉」的商品感興趣。

5．求名購買動機

它是指顧客以追求名牌、高級商品，藉以顯示或提高自己身分和地位而形成的購買動機。名牌商品之所以受到顧客的青睞，是由於在人們的心目中，其產品特性享有很高的聲譽。顧客出於對名牌的偏愛，就會產生「非買此牌不可」的心理，即使價格高一些也不在乎。

當前，在一些高收入層、大中學生中，求名購買動機比較明顯。求名購買動機形成的原因實際上是相當複雜的。購買名牌商品，除了有顯示身分、地位、富有和表現自我等作用以外，還隱含著減少購買風險、簡化決策程序和節省購買時間等多方面考慮因素。

6．**求速購買動機**

求速購買動機是以追求購買商品交易活動迅速完成為主要目的，也叫求便動機。注重購買過程的時間和效率，講求產品攜帶方便、易於使用、維修簡單等特性，希望能快速、便捷地買到中意、適合需要的產品。

7．**從眾購買動機**

個體的行為在群體壓力下趨向於與其他多數成員的行為一致時的現象，就叫做從眾。從眾購買動機就是一種追求購物或勞務與眾一致的購買動機。具有這類動機的顧客往往受到社會環境、流行風尚和他人的影響。有的表現為主動型的從眾心理，其動機不加掩飾。有的表現為被動型的從眾心理，即使不大喜歡的商品，但為了合群也情願購買。

8．**好癖購買動機**

它是指消費者以滿足個人特殊興趣、愛好為主導傾向的購買動機。其核心是為了滿足某種嗜好、情趣。具有這種動機的消費者，大多出於生活習慣或個人癖好而購買某些類型的商品。比如，有些人喜愛養花、養鳥、攝影、集郵；有些人愛好收集古玩、古董、古書、古畫；還有人好喝酒、飲茶。在好癖購買動機支配下，消費者選擇商品往往比較理智，比較挑剔，不輕易盲從。

9．**隨機購買動機**

這類購買動機往往帶有很大的隨意性，在購物時往往被商品外觀和式樣新奇所刺激，欠缺必要的考慮與比較。即使平時頭腦冷靜的人，也常會由於不瞭解商品的內在品質，也可能產生這種動機。具有隨機購買動機的人，一般事先沒有明確的購物目標，常常在流覽商品時無意發現，以情感代替理智，憑興趣而購買，極易受周圍環境、氣氛和人們言論的影響。如在出售出口轉內銷的商品時，在展銷會或集市上銷售新產品時，那些不經常出門、偶爾逛市場或生活經驗不足的人，往往成為誘導對象。

以上是在顧客購買過程中比較常見的購買動機。上述購買動機絕不是彼此孤立的，而是相互交錯、相互制約的。在有些情況下，一種動機居支配地位，其他動機起輔助作用；在另外一些情況下，可能是另外的動機起主導作用，或者是幾種動機共同起作用。

慎用口頭禪

銷售是一門口才的藝術，它是透過語言技巧表達自己對整體銷售過程的設計，以及在這個過程中對客戶的引導。語言使用得當便可以事半功倍，如果使用不當就有可能受到阻礙。尤其是銷售人員常用的口頭禪，或許只是你的無心之語，但是，聽在客

戶耳中或許會有另外的讓其不滿的含義。下面我們就來看看，哪些口頭禪是銷售中的禁語。

根據心理學家研究，一個人的口頭禪如果是消極的，通常表示他們的人生經驗總是失敗或是容易被騙，造成他們在與人交涉時自然顯露出這種畏畏縮縮、舉棋不定的語句。

1. **懷疑句型的口頭禪**

其實，每個人難免都會有一兩句掛在嘴上的口頭禪，但是像：

「真的嗎？」「你確定嗎？」「是喔！」

這種懷疑句型的口頭禪，往往會成為銷售時的阻礙。試想，如果你在買東西時，有人一直發出這種質疑的聲音，你還能買得高興快活嗎？多半會開始覺得對方是不是想暗示你什麼。

歐先生剛搬新家時，有天去專賣店挑窗簾，好不容易找到一個適合的顏色，店員的一句：「你真的要這一款嗎？」讓歐先生忍不住再看了一次花色，心想該不會是有什麼沒發現的問題吧？結果好像越看越怪，最後他乾脆放棄，到別處找了。

像這種疑問句類型的回應，平常說說可能沒什麼關係，但在銷售過程中，卻容易給客戶「是不是挑選的產品有問題」的感覺，就算真的沒問題，也會讓客戶覺得你在質疑他的眼光，客戶「龍心不悅」，想銷售順利當然就成為不可能完成的任務了。

2.自以為感情牌的口頭禪

一些業務員在介紹新產品時，看客戶似乎一點都不心動，總會好意加上一句：「我希望你買，真的都是為你好，現在不買以後就買不到了……」這種自以為是感情牌的口頭禪，其實效果並不是那麼好。

聽到他們這麼「為你好」，客戶也許不僅一點感動也沒有，反而會暗自不悅，嘀咕著：「難道我會不懂買什麼對我比較好？」

更嚴重點的，還容易讓人覺得你在貶低他。這是因為，客戶也都懂得為自己打算，你說出「都是為你好」的時候，好像就在暗指他不懂做對自己最好的決定，有些自主性較高的客戶，聽到這句話說不定就擺臉色給你看了。

3.強制性的口頭禪

「你懂嗎？」「你知道嗎？」「你瞭解嗎？」是一種比較強制性的口頭禪，讓聽的人會產生一種排斥感。

「你懂嗎？我們平常吃的一般包心菜，裡面農藥根本洗不掉，對健康真的很有危害。而有機蔬菜的好處，就是不會有農藥殘留的危機。你懂嗎？加上全程使用天然有機肥，植物自然吸收，維生素含量更高，你懂嗎？還有……」

可見，在銷售員的人際關係字典裡，應該把「你懂嗎」這個詞列於強勢句的範圍。

所謂的強勢句就是，當你自覺在談話內容上比對方更專業、懂更多時，比較常用到的詞句。

除了「你懂嗎」還有很多詞彙同樣會讓客戶感覺到銷售員的強勢，如果同一次談話中用太多次，容易讓客戶心生反感，例如：

你要知道……：「你要知道，這種事不是你說了算……」

我不是告訴過你……：「我不是之前就告訴過你這樣行不通……」

根本不需要……：「你根本不需要這樣做，有更好的方法……」

你以為……：「你以為我為什麼會這樣說？還不是為你好……」

銷售員在使用這些句子時，語氣常會不自覺加強，給客戶壓迫感，所以在銷售過程中這些話都要儘量避免。

想想看，當你會對人說「你懂嗎」的時候，是不是表示你覺得對方可能需要一些解釋？

問題是，對方也許真的不懂，但你的強勢語氣會讓人覺得你在強迫推銷，反而使對方接受度降低，如果對方也懂，還會讓人覺得你看不起他，才需要不停確定他到底懂不懂。

謹記十句不該說的話

許多不成功的銷售，都可歸因於溝通的失敗。無論是公司的銷售人員、客服人員，抑或是經銷商，都應注意在與客戶溝通中避免出現以下10句話：

1.「這種問題連小孩子都知道。」

這句話最常出現在客戶不瞭解商品特性或者針對商品用途做出詢問的行為時，我們極可能脫口而出的話。因為這句話容易引起客戶的反感，認為我們在拐彎抹角地嘲笑他，因此，我們一定要特別注意。

2.「一分錢，一分貨。」

當你講出這句話時，通常客戶會有「是不是嫌我看起來寒酸，只配買個廉價品」這種感覺出現。因為我們說這句話的時機通常是客戶認為價錢太高的時候，所以不免使客戶產生這種想法。

3.「不可能，絕不可能有這種事發生！」

一般公司通常對自己的商品或服務都是充滿信心的，因此，在客戶提出抱怨時，客

服人員一開始都會以這句話來回答，其實客服人員說出這句話時，已經嚴重地傷害到客戶的心理了。因為這句話代表客戶提出的抱怨都是「謊言」，因此，客戶必然產生很大的反感。

4.「這種問題你去問廠商，我們只負責銷售。」

商品固然是廠商製造，而不是經銷商製造的，但是經銷商引進商品銷售，就應該對商品本身的品質、特性有所瞭解。因此，以這句不負責任的話來搪塞、敷衍客戶，代表經銷商不講信用。

5.「這個……我不太清楚……」

當客戶提出問題時，若銷售代表的回答是「不知道」、「不清楚」，表示這個企業、公司、商鋪沒有責任感。正確的做法應是熱情、禮貌接待，即使我們並不會解答，也可請專人來答疑。

6.「我絕對沒有說過那種話！」

當客戶認為經銷商曾經提出保證卻沒有履行，因而提出質詢時，若是經銷商說出「我絕對沒說過那種話」，則解決抱怨的溝通必然成為永遠無法相交的平行線。因為，經銷商不願意承擔責任。其實，商場上沒有「絕對」這個詞存在，這個詞有硬把自己的主張加在消費者身上的語氣存在，所以最好不要使用。

7.「沒辦法！」

「沒辦法」、「不會」、「不行」這些否定的話語，表示無法滿足客戶的希望與要求，因此，能夠不使用的話就儘量不要使用。

8.「這是公司的規定。」

其實公司的規章制度通常是為了提高員工的工作效率而訂立的，並不是為了要監督客戶的行為或者限制客戶的自由。因此，即使客戶不知情而違反店規，店員仍然不可以用責難的態度對待。否則，不但無法解決問題，更會加深誤會。

9.「總是有辦法的。」

這一句曖昧的話語通常會惹出更大的問題。因為「船到橋頭自然直」這種不負責任的態度，對於急著想要解決問題的客戶而言，實在是令人扼腕、頓足的話。當客戶提出問題時，表示他正在期待供應商能想出辦法圓滿地幫他解決。如果這時候聽到這種回答，客戶的心裡一定會感到非常失望。

10.「改天我再和你聯絡。」

這也是一句極端不負責任的話。當客戶提出的問題需要一點時間來解決時，最好的回答應該是「3天後一定幫你辦好」或者「下個星期三以前我一定和您聯絡」。因為確定在幾天後可以辦成的說法，代表我們有自信幫客戶解決問題。

第五章 巧妙化解客戶拒絕

告訴客戶你將帶給他的利益

在推銷時，你必須確定你所要告訴客戶的事情是他感興趣的，或對他來講是重要的。想要推銷更為順利，當你接觸客戶的時候，你所講的第一句話，就應該讓他知道你的產品和服務最終能給他帶來哪些利益，而這些利益也是客戶真正需求和感興趣的。

英國十大推銷高手之一約翰·凡頓的名片與眾不同，每一張上面都印著一個大大的25％，下面寫的是約翰·凡頓，英國××公司。當他把名片遞給客戶的時候，所有人的第一反應都是相同的：「25％是什麼意思？」

約翰·凡頓就告訴他們：「如果使用我們的機器設備，您的成本就會降低25%。」這一下就引起了客戶的興趣。約翰·凡頓還在名片的背面寫了這麼一句話：「如果您有興趣，請撥打電話××××××。」然後將這名片裝在信封裡，寄給全國各地的客戶。結果許多客戶紛紛打電話過來諮詢。

推銷員在推銷過程中不僅要對自己的利益瞭若指掌，千方百計地進行維護，更重要的是要清楚自己所提的條件能給對方帶來哪些好處、哪些利益，並且盡可能地把己方的條件給對方帶來的好處清晰地列出來。如果你只是籠統地說：「我方產品投入使用後會帶來重大的經濟效益。」「我們的產品品質上乘、服務一流、物美價廉。」像這樣蒼白無力的話語在推銷時是沒有分量的。但是如果你能告訴客戶你將帶給他的利益，那麼效果肯定會不一樣。在你明確了己方所提條件對對方的好處和利益後，對方就會更加容易接受你的觀點，促進推銷達成協議。

鋼琴最初發明的時候，鋼琴發明者很渴望打開市場。最初的廣告是向客戶分析，原來世界上最好的木材，首先拿來做煙斗，然後再選擇去製造鋼琴。鋼琴發明者從木材素質方面來宣傳鋼琴，當然引不起大家的興趣。

過了一段時間，鋼琴銷售商開始經銷鋼琴，他們不再宣傳木材質料，而是向消費者解釋，鋼琴雖然貴，但物有所值，同時又提供優惠的分期付款辦法。客戶研究了分期付

款的辦法之後，發覺的確很便宜，出很少的錢便可將龐大的鋼琴搬回家中佈置客廳，的確物超所值。不過，客戶還是不肯掏腰包。

後來，有個銷售商找到一個新的宣傳方法，他們的廣告很簡單：「將您的女兒瑪莉訓練成貴婦吧！」廣告一出，立即引起了轟動。自此之後，鋼琴就不愁銷路了。

這就是行銷高手洞悉人性的秘訣。告訴客戶你的產品能為他的生活帶來哪些好處，告訴他應得的利益，銷售往往就能順利地進行。

客戶嫌貴時就用數字技巧

價格異議是任何一個推銷員都遇到過的情形，比如「太貴了」、「我還是想買便宜點的」、「我還是等價格下降時再買這種產品吧」等。對於這類反對意見，如果你不想降低價格的話，你就必須向對方證明，你的產品的價格是合理的，是產品價值的正確反映，使對方覺得你的產品物有所值。

一位推銷員正在向客戶電話推銷一套價格不菲的傢俱。

客戶：「這套傢俱實在太貴了。」

推銷員：「您認為貴了多少？」

客戶：「貴了1000多元。」

推銷員：「那麼咱們現在就假設貴了1000元整，先生您能否認可？」

客戶：「可以認可。」

推銷員：「先生，這套傢俱您肯定打算至少用10年以上再換吧？」

客戶：「是的。」

推銷員：「那麼就按使用10年算，您每年也就是多花了100元，您說是不是這樣？」

客戶：「沒錯。」

推銷員：「1年100元，那每個月該是多少錢？」

客戶：「喔！每個月大概就是8塊多點吧！」

推銷員：「好，就算是8塊5吧。您每天至少要用兩次吧，早上和晚上。」

客戶：「有時更多。」

推銷員：「我們保守估計為每天兩次，那也就是說每個月您將用60次。所以，假如這套傢俱每月多花了8塊5，那每次就多花不到1毛5分。」

客戶：「是的。」

推銷員：「那麼每次不到1毛5分，卻能夠讓您的家變得整潔，讓您不再為東西沒

合適地方放而苦惱。而且還產生裝飾作用，您不覺得很划算嗎？」

客戶：「你說得很有道理，那我就買下了。你們是送貨上門吧？」

推銷員：「當然！」

在銷售中，運用數字技術往往可以化解顧客類似的價格異議。這個案例就是其中的典型代表。案例中，推銷員向客戶推銷一套價格昂貴的傢俱，客戶認為太貴了，這時候推銷員需要做的就是淡化客戶的這種印象。於是，推銷員開始運用自己高超的數字技術，他先假設這套傢俱能夠使用10年，然後把客戶認為貴了的1000多元分攤到每年、每月、每天、每次，最後得出的資料為每次不到1毛5分錢，這大大淡化了客戶「太貴了」的印象，最後成功地售出了這套昂貴的傢俱。

可見，推銷員在與客戶的溝通中，如果能夠在回答潛在客戶的問題時自然地採用數字技術，那麼成交也就不再是難事了。

消除客戶心中的疑慮

在銷售溝通中，消除客戶的疑慮是非常重要的。當客戶對你的詢問表示要考慮時，你必須用你的真誠消除客戶的疑慮，只有當客戶對你的產品或服務完全相信，沒有任何疑慮時，你的溝通才算是成功的，最終才能達到成交的目的。

銷售人員：「您好！韓經理，我是××公司的×××，今天打電話給您，主要是想聽聽您對上次和您談到購買電腦的事情的建議。」

客戶：「啊，你們那台電腦我看過了，品牌不錯，產品品質也還好，不過我們還需要考慮考慮。」

（客戶開始提出顧慮，或者說是異議。）

銷售人員：「明白，韓經理，像您這麼謹慎的負責人做事考慮得都會十分周全。只是我想請教一下，你考慮的是哪方面的問題？」

客戶：「你們的價格太高了。」

銷售人員：「您主要是與什麼比呢？」

客戶：「你看，你們的產品與××公司的差不多，而價格卻比對方高出3000多塊錢呢！」

銷售人員：「我理解，價格當然很重要。韓經理，您除了價格以外，買電腦，您還關心什麼？」

客戶：「當然，買品牌電腦我們還很關心服務。」

銷售人員：「我理解，也就是說服務是您目前最關心的一個問題，對吧？」

客戶：「對。」

銷售人員：「您看，就我們的服務而言……您看我們的服務怎麼樣？」

客戶：「你們的技術支援工程師什麼時候下班？」

（客戶還是有些問題，需要解釋，這是促成的時機。）

銷售人員：「一般情況下，晚上11點！」

客戶：「11點啊。」

（聽到客戶有些猶豫。）

銷售人員：「是這樣的，也是考慮到商業客戶一般情況下9點鐘都休息了，所以才設置為11點的，您認為怎麼樣？」

客戶：「還好。」

（客戶開始表示認同，這就等於發出了購買信號，這時可以進入促成階段了。）

銷售人員：「韓經理，既然您也認可產品的品質，對服務也滿意，您看我們的合作是不是就沒有什麼問題了呢？」

客戶：「其實呢，我是在考慮買組裝機好一些呢，還是買品牌機好一些，畢竟品牌機太貴了。」

（客戶有新的顧慮，這很好，只要表達出來，就可以解決。）

銷售人員：「當然，我理解韓經理這種出於為公司節省採購成本的想法，這個問題其實又回到我們剛才談到的服務上。我擔心的一個問題是，您買了組裝機回來，萬一這些電腦出了問題，您不能得到很好的售後服務保障的話，到時帶給您的可能是更大的麻煩，對吧？」

客戶：「對呀，這也是我們為什麼想選擇品牌機的原因。」

（客戶認同銷售人員的想法，這是促成的時機。）

銷售人員：「對、對、對，我完全贊同韓經理的想法，您看關於我們的合作……」

客戶：「這事，您還得找採購部人員，最後由他們下單購買。」

銷售人員：「那沒關係，我知道韓經理您的決定還是很重要的，我的理解就是您會考慮使用我們的電腦，只是這件事情還需要我再與採購部人員談談，對不對？」

最終，銷售人員成功地消除了客戶的疑慮，促成了交易。

在進行產品介紹和要求訂貨時，大多數客戶總會對產品心存疑慮。他們擔心的問題可能是客觀存在的，也可能只是心理作用。銷售人員應該採取主動的方式，發現客戶的疑問，並打消客戶的疑慮。

一般來說，我們不能指望一個簡單的回答就能夠讓客戶疑惑全開，然後沒有任何顧慮地就接受你的銷售意見。這種為客戶解答疑惑的過程有可能是很長的，因為客戶的疑慮可能不止一個，也可能當你提到新問題的時候，客戶又有了新的疑慮。這就要求我們必須要有耐心，能逐步地消除客戶的疑慮。當然，這種解惑的過程，還需要注意一點，就是你不能只是單純地為對方解決他的疑惑，否則就變成諮詢而不是銷售了，這個時候，你應該在適當的時間把對方的需求和自己產品的屬性相結合，一步步地消除對方的顧慮，從而接受你的銷售意見。

請教，也是解決銷售難題的方法

每個人都有好為人師的想法，就是你有問題，我可以為你解答。其實，銷售人員也可以為自己建立一個「學生」的身分，你不僅可以解決客戶的問題，你同樣也可以向客戶提出問題和請教，讓客戶做一回你的「老師」。

當然，這種行為並不是旨在向客戶請教一些專業性問題，而是重在建立一種心理上的近距離感。從心理學上來看，當你向對方請教某些問題，又表現出求知欲很強的樣子時，其實，是將自己在與對方的交往中擺在了比較弱勢的一方，其實，也就是某種「示弱」，這種行為會產生兩個結果：

一可以適當滿足對方的虛榮心和優越感，這就像是一種無形的讚美——「你看！你某些地方的確比我厲害多了，我不知道，所以來問你！」

二就是，既然你正在向對方「示弱」，而一般人對「弱者」的抵觸情緒是不大的，其同情和幫助情緒會逐漸居多。這樣來看，這種行為最終就可以逐漸消除客戶對你的排斥感。

林達是一名汽車推銷員，近日來，他曾多次拜訪一位負責公司採購的陳總，在向陳總介紹了公司的汽車性能及售後服務等優勢以後，陳總雖表示認同，但一直沒有明確地表態，林達也拿不準客戶到底想要什麼樣的車。久攻不下，林達決定改變策略。

林達：「陳總，我已經拜訪您好多次了，可以說您已經非常瞭解本公司汽車的性能，也滿意本公司的售後服務，而且汽車的價格也非常合理，我知道陳總是銷售界的前輩，我在您面前銷售東西實在壓力很大。我今天來，不是向您銷售汽車的，而是請陳總本著愛護晚輩的胸懷指點一下，我哪些地方做得不好，讓我能在日後的工作中加以改善。」

陳總：「你做得很不錯，人也很勤快，對汽車的性能瞭解得也非常清楚，看你這麼誠懇，我就給你漏個底：這一次我們要替公司的10位經理換車，當然所換的車一定比他們現在的車子要更高級一些，以激勵他們的士氣，但價錢不能比現在的貴，否則短期內我寧可不換。」

林達：「陳總，您不愧是一位好老闆，購車也以激勵士氣為出發點，今天真是又學到了新的東西。陳總我給您推薦的車是由德國裝配直接進口的，成本偏高，因此，價格不得不反映成本，但是我們公司月底將進口成本較低的同級車，如果陳總一次購買10部，我一定能說服公司盡可能地達到您的預算目標。」

陳總：「喔！貴公司如果有這種車，倒替我解決了換車的難題了！」

陳總覺得林達人挺謙虛，於是決定再看一看他的具體表現，再做是否合作的打算。

這個案例中推銷員林達運用了請教的策略，先贏得了客戶的好感，結果就成功地掌握了客戶的真正需求。

在案例中我們可以看到，林達之所以久攻不下，原因就在於他沒有瞭解客戶的真正需求，當他自己意識到這個問題後，改變了一貫採用的策略，轉而放低姿態，把客戶稱為「銷售界的前輩」，說「在您面前銷售東西實在壓力很大」，繼而向客戶請教「我今天來，不是向您銷售汽車的，而是請陳總本著愛護晚輩的胸懷指點一下，我哪些地方做得不好，讓我能在日後的工作中加以改善」。我們知道，請教是師生關係的體現，老師這個稱呼表達了人們內心嚮往的榮譽感。如果有機會讓與你談話的人有老師的感覺，那麼距離就近了很多。

這個案例中，我們會發現，當林達以請教的姿態要求陳總給予指點後，陳總的態度發生了很大改變，由此，林達才真正瞭解了客戶想要什麼樣的車，於是根據客戶的要求推薦該公司的車，而客戶的態度也逐漸明朗了起來。

在銷售中，當你在與客戶溝通時被拒，或是還不瞭解客戶的真正需求時，不妨主動當當學生。主動當學生，讓自己處於請教的位置上，就會贏得顧客的好感，從而在與客戶的溝通過程中精準地把握住客戶的需求，為完成銷售打下良好的基礎。

讓顧客覺得你是有心人

和客戶談話時，要以客戶為談話的中心，一定要把客戶放在你做一切努力的核心位置上。不要以你或你的產品為談話的中心，除非客戶願意這麼做。這是一種對客戶的尊重，也是贏得客戶認可的重要技巧。

銷售人員必須要擺正自己的位置，即明確自己扮演的角色和行動目標——滿足客戶的需求，為客戶提供最滿意的產品或服務。這樣，就可以讓客戶覺得你是一個有心人，認為原來這個推銷員並不只是關注他自己的銷售可能獲得的利益，他也關注作為客戶的「我」這個人。這個時候，客戶的抵觸感就會削弱，好感就會加強，拒絕性自然就會被化解。

托尼是一位推銷醫療設備的業務員。他花了不少時間，試圖說服傑爾森醫生更新消毒設備，但得到的答覆總是「我過一陣子會考慮這個問題，現在實在沒有預算」、「明年春天再說吧！他們預測會經濟衰退，到時候就知道是不是真的」，等等。

最後，托尼實在無法再等了，他想了一個方法，決定採取行動。於是他打電話給傑爾森醫生說：「醫生，有一件重要的事，我一直想和您談談，這件事對您關係重大。禮拜四中午一起用餐吧，不知道您方不方便？」

傑爾森醫生一聽是大事，馬上答應聚餐。

用餐時，傑爾森醫生單刀直入地問：「是什麼樣的大事？」

托尼從口袋中取出一張卡片，蓋在桌上。

「醫生，請問您診所的租約什麼時候到期？」

「明年9月份。」

「聽說那幢大廈要出售，我想您應該不會續約吧？」

未等醫生回答，托尼又接著說：「雖然這件事還沒有定案，不過我聽說有所大學想在這附近建一個新校區。如果這事是真的，您的診所是一定要搬的，對不對？」

「是啊。」傑爾森醫生說。

托尼接著說：「您可以把診所搬到別的地方。反正不論政治局勢好壞、經濟是否衰退，人們還是需要醫生的。」

傑爾森醫生點點頭。

「既然如此，您為什麼不現在就決定遷移診所呢？您至少還會行醫20年以上，總不會一直待在這個窄小的診所吧？」

傑爾森醫生微笑著說：「我的診所確實太擠了！」

托尼將桌上的卡片遞給傑爾森醫生，傑爾森醫生看見卡片上印著一行字：「凡事徹底考慮周詳才下決定的人，永遠做不了決定。」

「我跟太太也常談到這一點。記得買第一部車和第一幢房屋時，我們都討論過這一點的重要性。總是我太太先預見未來的發展，堅持這些都是未來的需求。她的判斷是正確的。」傑爾森醫生說完，一拍桌子，說：「好！感謝你的建議，我今年夏天就遷移診所。」

兩周後，托尼接到傑爾森太太的電話，說她的先生已經找到一幢大廈，簽了10年租約。她還說，傑爾森醫生很快就要找托尼討論更換醫療設備等事宜。「我要先謝謝你，」她說，「總算有人勸他搬出那個小診所了。」

在這個案例中，推銷員托尼為了說服傑爾森醫生更新消毒設備花費了很多時間，而每次醫生都用各種各樣的藉口拒絕了他。托尼知道，繼續採用相同的方法是不會成功的，而他仍然堅信傑爾森醫生是有這個需求的，最後他想出了一個辦法，即運用假設的方法，預測出客戶的未來需求，進行深度的思考，分析和判斷客戶可能的需求。這樣，其實也就是幫助客戶認識到自己可能會遇到的問題，可能需要的解決方案。而這個行為對客戶來說則是有所助益的，那麼，客戶自然就會認為銷售人員是一個有心人，能夠時刻考慮和關心到客戶的利益。

在使用這個方法的時候，出發點也一定要是充滿人文關愛的，不要讓客戶認為你是

為了從他身上獲取某些利益才做出一副關心的樣子，而是要讓客戶發自內心的感受到你對他的思考和考量，讓客戶覺得我們真心是在為他著想，在他身上用心。而這種情感影響則能夠巧妙地化解客戶對我們的抵觸心理，從而逐步建立信任感。

以精確資料說服客戶

在與客戶溝通的過程中，你是否經常會為這樣的問題產生苦惱：自己已經將產品的基本資訊傳達給了客戶，而且沒有一絲虛偽和誇張，可是客戶看上去仍然不相信自己。客戶到底在擔心什麼呢？不要說銷售人員難以理解，就連客戶自己可能都不太清楚。

面對難以理解的客戶質疑，有時，即使銷售人員反覆強調產品的種種優勢都無濟於事。這時，建議你可以考慮運用精確的資料來打消客戶的疑慮，你將會驚奇地發現運用精確具體的資料等資訊說明問題，可以增強客戶對產品的信賴。例如，你可以對客戶這樣說，「試驗證明，我們公司的產品可以連續使用5萬個小時而無品質問題」，「這種品牌的電器在全國21個市級以上地區的銷量都已經超過160萬台」，「的確，兒童食品尤

其要講究衛生，我們公司生產的所有兒童食品都經過了12道操作嚴格的工序。另外，在品質監督機構檢查以前，我們公司已經進行過5次內部衛生檢查。」

現在，很多商家都意識到這種方法在銷售中的巨大作用，所以各大商家在廣告宣傳中也引用了精確的資料說明。例如某日用化妝品公司某些產品的廣告宣傳：

××浴液：「經過連續28天的使用，您的肌膚可以白嫩光滑、富有彈性。」

××洗髮精：「可以經得住連續7天的考驗。」

××牙膏：「只需要14天，你的牙齒就可以光亮潔白。」

採用資料和客戶溝通的確能收到事半功倍的效果，但是滿足準客戶的銷售重點是不盡相同的，因此，你必須針對所售商品的銷售重點，找出證明它是事實的最好方法。

證明的方法有很多，下面幾種方法可供你參考：

1. 實物展示

實物是最好的一種證明方式，商品本身的銷售重點，都可透過實物展示得到證明。

2. 利用權威機構的證明

權威機構的證明自然更具權威性，其影響力也非同一般。當客戶對產品的品質或其他問題存有疑慮時，銷售人員可以利用這種方式來打消客戶的疑慮。例如：「本產品經過××協會的嚴格認證，在經過了連續9個月的調查之後，××協會認為我們公司的

產品完全符合國家標準……」

3.專家的證言

你可收集專家發表的言論，證明自己的說辭。例如符合人體生理設計的檯燈，可防止不良習慣，預防近視。

4.客戶的感謝信

有些客戶由於對你公司的服務或幫助客戶解決特殊的問題深表感謝，而致函表達謝意，這些感謝信都是一種有效證明公司實力和服務的方式。

另外，在與客戶的溝通中還應注意，很多資料都是隨時間和環境的改變不斷發生變化的，比如產品銷量和使用期限等。為此，你一定要準確把握資料變化，力求給客戶提供最準確、最可靠的資訊，就像一些非常知名的推銷人員所相信的那樣：如果能用小數點以後的兩位數字說明問題，那就盡可能不要用整數；如果能用精確的數字說明情況，那最好不要用一個模模糊糊的大約數來應付別人。

用對比化解客戶心裡的疙瘩

買東西的時候，不少人會因為價格的原因放棄購買。這個時候，銷售員該用什麼策略去化解客戶心裡的疙瘩呢？這個策略就是對比，有對比才有鑑別，有對比才有區別，我們可以利用對比來突出商品的性價比，讓他們覺得買你的商品划得來。

喬治：「吉姆是貴公司的核心人物，我覺得您應該為他買份人壽保險。」

亨利：「我知道現在為吉姆買保險很有必要，但是我們公司正處於鼎盛時期，目前我們唯一的任務就是擴大市場佔有率，發展企業，而不是買保險。」

喬治：「您好像把保險金當作一項開支。」

亨利：「難道不是嗎？」

喬治：「亨利，您的公司在銀行有儲備金吧？」

亨利：「當然，但我們要用這些錢交稅或買別的東西。我拿不出你要的那個數。」

喬治：「我相信您拿不出，我也不讓您拿。我想您有兩種選擇：其一，您可以把錢放在法人銀行帳戶上，需要時可以取出來用；其二，把錢轉移到為投保開的帳戶上。第

二種選擇可以使您的錢一部分用於保險費，其餘的以現金價值增長。這樣一來，您只是轉變了您的現金資產身分，即從銀行轉到了保單中。有了保險帳戶，公司就可以免受吉姆的死亡可能帶來的損失。如果您需要錢，您可以以現金擔保貸款。」

亨利：「聽起來不錯，但要花多少錢？」

喬治：「你們公司2年的銷售收入是多少？」

亨利：「4000萬美元。」

喬治：「我來幫您算一下，您為吉姆買保險要花多少錢。2年銷售收入的1％是40萬美元。40萬美元的1/10是4萬美元。4萬美元才占您年銷售收入的千分之一。2年買4萬美元的銷售收入保險如何？您認為能接受嗎？」

亨利：「聽起來不錯。但我還是有點懷疑，喬治。」

喬治：「如果您的副總裁吉姆死了，我給您400萬美元的免稅利潤怎麼樣？這個數相當於4000萬美元純利潤的10％——而且有保證。」

亨利：「這……」

喬治：「再打一個比方，如果稅收和成本以銷售收入千分之一的速度增長，您明天會破產嗎？」

亨利：「不，當然不會。」

喬治：「您會改變經營策略嗎？您的市場會縮小嗎？產品的發送和銷售效率會降低嗎？」

亨利：「不，不會。」

喬治：「那麼，您還是付得起保險金的，您的錢仍然是流動的現金資產。在您交過保險金以後，現金將以保單現金價值的形式歸您所有。您真正要做的是把現金資產改變為400萬美元的保險。吉姆死後，你將不僅擁有本金，而且有400萬美元創造以後2年的利潤。」

電話結束時，喬治的記錄本上又多了400萬美元的終身保險。亨利接受了為核心人物購買保險的觀念，決定為公司的骨幹們購買800多萬美元的人壽保險。

喬治試圖說服某公司的老闆亨利為其公司的核心人物吉姆購買人壽保險。但亨利表示，公司目前沒有足夠的資金用來購買保險，並且把保險看作是一項額外的支出，認為只要是支出就會增加成本。

喬治看到了這一點，他知道，這時候介紹保險的好處是無法打動客戶的，於是，他詢問了亨利公司2年的銷售收入，並且用資料明確地把買保險與不買保險的利弊做了對比，最後得出結論：「吉姆死後，您將不僅擁有本金，而且有400萬美元創造以後2年的利潤。」最終，喬治的策略取得了預期的效果，客戶不僅為吉姆購買了保險，還為公司

其他核心人物都購買了人壽保險。

從中我們可以看出，作為一名銷售員，我們不能機械地和顧客說價格，應該給顧客做出比較，讓顧客覺得花的錢物有所值。

學會適時「轉變」客戶需求

很多時候，客戶對自己的需求有一個明確的標準，但是，這個標準可能和銷售人員的產品或者服務的屬性不是很符合的。這個時候，如果銷售人員不能用嚴密的邏輯分析出客戶潛在需求中和自己產品或服務屬性相符合的一點來，將兩者合理地貫穿在一起，銷售就不能取得預期的效果。那麼，這個時候，就需要銷售人員學會一種技巧，就是在合理的引導之中「轉變」客戶的需求。這樣，才能夠既滿足客戶的需求，又能夠完成一筆交易。

張平：「我聽說您有意向我們公司買一輛貨車，我想我也許能幫上您的忙。」

客戶：「我想買一輛2噸位的貨車。」

張平：「2噸有什麼好的？萬一貨物太多，4噸不是很實用嗎？」

客戶：「我們也得算經濟帳啊！這樣吧，以後我們有時間再談。」

（此時，推銷明顯有些進行不下去了，如果張平沒有應對策略也許就此為止了，但張平不愧是一位銷售高手。）

張平：「你們運的貨物每次平均重量一般是多少？」

客戶：「很難說，大約2噸吧。」

張平：「是不是有時多，有時少呢？」

客戶：「是這樣。」

張平：「究竟需要什麼型號的車，一方面看貨物的多少，另一方面要看在什麼路上行駛。你們那個地區是山路吧？而且據我所知，你們那兒的路況並不好，那麼汽車的發動機、車身、輪胎承受的壓力是不是要更大一些呢？」

客戶：「是的。」

張平：「你們主要是貨運吧？那麼，這對汽車的承受力是不是要求更高呢？」

客戶：「對。」

張平：「貨物有時會超重，又是在山區行駛，汽車負荷已經夠大的了，你們在決定購車型號時，連一點餘地都不留嗎？」

客戶：「那你的意思是……」

張平：「您難道不想延長車子的壽命嗎？一輛車滿負荷甚至超負荷，另一輛車從不超載，您覺得哪一輛壽命更長？」

客戶：「嗯，我們決定選用你們的4噸車了。」

就這樣，張平順利地賣出了一輛4噸位的貨車。

在這個案例中，我們看到，張平負責推銷4噸位貨車，而顧客想要2噸位的貨車，因此在談話剛剛開始，張平就遭到了客戶的拒絕，「以後我們有時間再談」。這是客戶做出的決策，是不容易改變的，這時候，如果張平沒有應對的策略，那麼談話也就到此結束了。

「你們運的貨物每次平均重量一般是多少？」透過這麼一句感性的提問，聰明的銷售員把客戶的思維拉了回來。在下面交談中，張平做了一個重要的工作，那就是影響客戶的需求標準，讓客戶自己制定對電話銷售人員有利的需求標準。

談到對我們有利的需求標準，我們應該知道自己的獨有銷售特點。獨有銷售特點是公司與競爭對手不同的地方，也就是使公司與競爭對手區別開來的地方。獨有銷售特點可能是與公司相關的，也可能是與公司的產品相關的，也可能是與電話銷售人員相關的，總之，一定要做到與眾不同。與眾不同將使公司更具有競爭優勢。知道了自己的與眾不同之處後，再與客戶在電話中交流時，就盡可能地將客戶認為重要的地方引導到自己的獨有銷售特點上，透過轉變客戶的需求來影響客戶的決策。

當然，我們在電話中與客戶談獨有銷售特點時，重點應放在獨有銷售特點所帶給客戶的價值上。

總的來說，銷售員在銷售期間仔細傾聽客戶的意見，把握客戶的心理，這樣才能保證向客戶推薦能夠滿足他們需要的商品，才能很容易地向客戶進一步傳遞商品資訊，而不是簡單地為增加銷售量而推薦商品。「轉變」客戶的需求標準來實施銷售就是要站在客戶的立場上，想客戶之所想，這樣才能成功成交。

做好打「長期戰」的準備

被拒絕過一次之後，就再也不跟這個客戶來往了，這是很多銷售人員的反應。其實，多數的銷售行為是一場長期戰，尤其是企業之間規模較大、涉及錢數過多的銷售活動。幾百萬的生意並不能因為你一句話就決定，所以，這種情況之下就需要你做好打「長期戰」的準備。當然，這樣的長期戰役並不能只一味地表現出「糾纏不清」，更多是一種人際情感的建立，是需要用長時間建立起來的信任感和好感。

所以，做好「長期戰」的準備，就是讓我們知道，我們的銷售談話是可以分步驟來的，可以不用一次性就將資訊全部灌輸出去，我們要知道什麼時候該停下來，什麼時候該繼續，什麼時候該促成交易。

銷售人員：「早安，宋經理，我是M乳品公司的客戶經理陳玉田，之前我已經拜訪您了，跟您提過我們產品進店的事宜，請問您現在有時間嗎？」

（透過前期瞭解，銷售已經知道賣場的負責人姓名及電話。）

客戶：「我現在沒有時間，馬上就要開部門例會了。」

（急於結束通話，很顯然對此次交談沒有任何興趣。）

銷售人員：「那好，我就不打擾了。請問您什麼時間有空，我再打電話給您？」

（這時一定要對方親口說出時間，否則你下次致電時他們還會以另一種方式拒絕。）

客戶：「明天這個時間吧。」

銷售人員：「好的，明天見。」

（明天也是在電話裡溝通，但「明天見」可以拉近雙方的心理距離。）

週二早晨，銷售再次撥通了宋經理辦公室的電話。

銷售人員：「早安，宋經理，我昨天和您通過電話，我是M乳品公司的客戶經理陳玉田。」

（首先要讓對方想起今天致電是他認可的，所以沒有理由推脫。）

客戶：「你要談什麼產品進店？」

銷售人員：「敝公司上半年新推出的乳酸菌產品，一共5個單品，希望能與貴賣場合作。」

客戶：「我對這個品類沒有興趣，目前賣場已經有幾個牌子銷售了，我暫時不想再增加品牌了，不好意思。」

（顯然已經準備結束談話了。）

銷售人員：「是的，賣場裡確有幾個品牌，但都是常溫包裝，我方產品是活性乳酸菌，採用保鮮包裝，消費者在同等價格範圍內肯定更願意購買保鮮奶。其次我方產品已全面進入餐飲管道，銷售每個月都在上升，尤其是您附近的那幾家大型餐飲店，會有很多消費者到賣場裡二次消費。敝公司採用『高價格高促銷』的市場推廣策略，所以我方產品給您的毛利點一定高於其他乳產品。」

（用最簡短的說辭提高對方的談判興趣，在這段話中銷售提到了產品賣點、已形成的固定消費群體、高額毛利，每一方面都點到為止，以免引起對方的反感從而結束談判。）

客戶（思考片刻）：「還有哪些管道銷售你的產品？」

（對方已經產生了興趣，但他需要一些資料來支持自己的想法。）

銷售人員：「現在已經有100多家超市在銷售我們的產品了，其中包括一些國際連鎖店，銷售情況良好，我可以給您出示歷史資料。」

（透過對事實情況的述說增強對方的信心。）

客戶：「好吧，你明天早上過來面談吧，請帶上一些樣品。」

作為一個優秀的推銷員，應該瞭解何時該「溫和地推銷」，何時該「默默地走開」。對於這些極有潛力的未來客戶，推銷員應該沉住氣，潛入海底。所謂「潛入海底」，是指能夠耐得住性子，盡力接近他們而不是讓他們從一開始就懷有戒心，相互信任是關係行銷的最高境界。

這樁生意做得看似輕而易舉，其實是與客戶長期接觸，贏得客戶的信任與尊重而獲得的。這其中與潛在客戶長期接觸時的言談尤其重要，不能流露出功利心，這也是銷售人員取得成功的關鍵。

可見，強硬推銷的結果必是遭到拒絕，而經過一段時間發展得來的關係會更長久。作為電話推銷員，不妨借鑑一下湯瑪斯的做法，先取得潛在客戶的信任，生意自然水到渠成。

遇瓶頸時適當用一下幽默

據說，美國300多家大公司的企業主管參加了一項幽默意見調查。這項調查的結果表明：90％的企業主管相信，幽默在企業界具有相當的價值；60％的企業主管相信，幽默感決定著人的事業成功的程度。這一切說明，幽默對於現代人以及現代人的成功至關重要。幽默的人大都很受歡迎，幽默讓溝通變得更簡單，幽默是推銷的加速器，善加運用幽默法則很重要。所以，當你在銷售過程中遇到瓶頸，無法再繼續下去的時候，適當地運用一下這個技巧，或許會讓你曲徑通幽。

金牌推銷員貝特遇到了一個棘手的客戶，他什麼招都使了，但是仍舊沒有辦法將這個客戶攻下來，這個客戶總是以各種理由拒絕他，有一天，他忽然想到了一個很有趣也出乎意料的方法。

他用電腦製成了一張樂透彩券，把自己的照片放入號碼欄內。然後用彩色印表機印出彩券，再把彩券貼到一張厚紙板上，最後覆以錫箔紙，製成刮刮樂的表面。上面寫著：在直排、橫排或對角線中，只要出現3張相同的照片，你就中獎了。

貝特都可以想像對方收到彩券、刮出照片時是怎樣一副驚奇和好笑的表情。

貝特把自己做好的彩券寄給了這位久攻不下的難纏大客戶。沒想到，寄出彩券的第

二天，客戶就親自打電話過來了，說：「你這個人真有意思，做事也挺堅持的，好吧，你說的那件事情，我們有時間再具體聊聊吧。」

在銷售過程中，尤其是談判陷入僵局的時候，或者是銷售行為因客戶的拒絕而停擺的時候，幽默就能夠派上用場了。幽默的談吐在推銷場合是不可少的，它能使嚴肅緊張的氣氛頓時變得輕鬆活潑，它能讓人感受到說話人的溫厚和善意。幽默可以增進與客戶之間的關係，融洽彼此之間的聯繫，使許多尷尬、難堪的洽談場面變得輕鬆，從而促進彼此之間的合作，進而發展更多的客戶。

但是，運用幽默策略的時候，也要注意一些問題，千萬不要過分地使用它：

1. 幽默要運用得巧妙，有分寸、有品味。運用幽默語言時要注意，千萬不要油腔滑調，否則會讓人生厭；說話時要特別注意聲調與態度的和諧，是否運用幽默要以對方的品味而定。

2. 在你打算輕鬆幽默一番之前，最好先分析你的產品和你的客戶，一定要確信不會激怒對方，因為這種幽默對有些人來說根本不起作用，說不定還會適得其反。

適當「讚美」一下客戶

讚揚是一種最廉價、最易使用且最有效激發別人熱情的方法。一種發自內心的讚美，往往是人際關係的潤滑劑。每個人都喜歡聽到別人的讚美，從讚美聲中肯定自己，進而對自己產生信心。在潛意識裡，每個人都渴望別人稱讚的眼神、渴望別人的讚美。

有一次，陳濤去向一家帳篷製造廠的總經理孫亮推銷布匹。孫亮很年輕，對陳濤推銷的布匹沒興趣，但是陳濤離開他時的一句話引起了他的興趣。

陳濤說：「孫經理，如果您允許的話，我想繼續和您保持聯絡，我深信您前程遠大。」

「前程遠大？何以見得？」聽口氣，好像是懷疑陳濤在討好他。

「幾周前，我聽了您在菁英論壇上的演講視頻，那是我聽過的最好的演講。這不是我一個人的感受，很多人都這麼說的。」

聽了這番話，孫亮竟有點喜形於色了。陳濤向他請教如何學會當眾演講，他的話匣子就打開了。

接下來，陳濤開始將他的策略往商品上靠了。他不動聲色地說：「我在前幾天的報紙上看到有很多年輕人喜歡戶外活動，而且經常露宿荒野，用過的就是貴廠生產的帳篷，不知道是不是真的？」

聽到這話，孫亮更加興奮了，「沒錯，過去兩年裡我們的產品非常走俏，而且都被年輕人用來作野外遊玩用，因為我們的產品品質很好，結實耐用……」

孫亮饒有興致地講了大概20分鐘，而陳濤則懷著極大的興趣聽著。當他的話暫告一個段落時，陳濤巧妙地將話題引入他要推銷的布匹。這次，孫亮向陳濤詢問了一些細節，並查看了布匹樣品的品質之後，愉快地在合約上簽了自己的名字。

案例中的銷售員陳濤就是利用了年輕經理心高氣傲的心理特點，透過誇讚贏得了對方的信任。之後，陳濤又引入能讓孫亮感興趣的隱性讚美，進一步拉近了客戶與商品的距離。

喜歡聽到讚賞和誇獎之類的話，是人的天性使然，客戶自然也不例外。優秀的銷售員總能準確地把握客戶的這種心理，恰當地讚美客戶——甚至可以適當地給客戶戴上頂高帽，以便在融洽的交談中尋找機會推銷。那麼，怎樣才能正確地使用「讚美」這把武器呢？我們需要注意以下幾點：

1. 具體明確讚揚客戶

所謂具體明確，就是在讚揚客戶時有意識地說出一些具體明確的事情，而不是空泛、含混地讚美。前者讓人感到真誠、有可信度，後者因沒有明確而具體的評價緣由，令人覺得無法接受。因此，有經驗的推銷員在讚揚客戶時總是注意細節的描述，而不空發議

論。

2.觀察異點讚揚客戶

每個人都有一種希望別人注意他的與眾不同之處的心理。讚揚客戶時，如果能抓住這種心理去觀察和發現他異於別人的不同之處來進行讚揚，一定會收到出乎意料的效果。

3.讚美要撓到他的「癢」處

如果你的讚美正合他的心意，會使他更自信。這的確是感化人的有效方法。也就是說，能撓到客戶的「癢」處的讚美，作用最大。

4.讚美要自然而誠懇

讚美實際是向對方表示一種肯定、理解、欣賞和羨慕。對方從你的話中領會到的就是這些。所以銷售人員在讚美客戶時一定要自然而誠懇。

不能光只會「說」，還要會「聽」

在銷售過程中，你要用肯定的話對客戶進行附和，以表現你聽他說話的態度是認真而誠懇的。一般來說，你的客戶會對你心無旁騖地聽他講話感到非常高興。根據統計資料，在工作和生活中，人們平均有40%的時間用於傾聽。它讓我們能夠與周圍的人保持接觸。失去傾聽能力也就意味著失去與他人共同工作、生活、休閒的可能。

也正是因為如此，客戶不喜歡聒噪的推銷員，因為這樣會給客戶造成一種「強制灌輸資訊」的感覺，但是他們會對那些肯聽取自己意見並及時做出反應的推銷員心存好感，也就是說，和只一味「說」的人相比，客戶更欣賞能夠「傾聽」自己想法的人。

對於推銷員來說，聆聽除了能表示對客戶的尊重外，還有以下兩個優點：

第一，聽客戶說的時候推銷員才有空思考。如果推銷的說辭只是單方面由推銷員來「推」，客戶就會不斷地退，推銷員越是不斷地說很好，客戶越覺得反感，銷售成績自然不佳。推銷員強力推薦商品時不斷重複的話語，充其量只是在演練先前所學習的說辭而已，而且推銷員還沒有時間思考另外的說法，更無法針對客戶的問題給予解答。於是

如果善於聆聽，引導客戶說出心中的想法，推銷員就可以利用在一旁傾聽的時間想其他對策，使成交率提高。

第二，聆聽客戶還可以找出客戶拒絕的癥結所在。面對面推銷時最令人洩氣的，莫過於客戶冷淡的反應與不屑的眼光，這對推銷員的信心是一種嚴重的打擊，許多客戶在問答之中會應付式地說幾句客套話，這是因為擔心說出需求後會被推銷員逮住機會而無法逃脫，所以客戶會盡可能地採用能拖就拖、能敷衍就敷衍的策略來拖延。要去除這困擾只有想辦法讓客戶說，並且在詢問的過程中令他務必說出心中的想法及核心問題，這樣才能找到銷售的切入點。同時聽得多，對客戶的各種情況、疑惑、內心想法自然地瞭解得多，再採取相應措施解決問題時，成功率一定會提高。

人人都喜歡被他人尊重，受別人重視，這是人性使然。當你專心聽客戶講話，客戶會有被尊重的感覺，因而可以拉近你們之間的距離。卡內基曾說：專心聽別人講話的態度，是我們所能給予別人的最大讚美。

那麼，我們要如何學會聆聽客戶講話呢？這個時候就需要做到耳到、眼到、心到，同時還要輔之以一定的行為和態度。現將傾聽技巧歸納如下：

1. 身子稍稍前傾，單獨聽客戶說話，這樣是對客戶的尊重。
2. 不要中途打斷客戶，讓他把話說完。打斷客戶的談話是最不禮貌的行為。

3.注視客戶，不要東張西望。

4.面部要保持很自然的微笑，適時地點頭，表示對客戶言語的認可。

5.適時而又恰當地提出問題，配合對方的語氣表達自己的意見。

6.可以透過巧妙地應答，引出所需要的話題。

銷售人員應時刻記住，傾聽也是一門藝術，並不是人人都能做到、做好的。從心態上放低自己，從現在開始，對別人多聽多看，把他們當作世上獨一無二的人對待，就會發現自己比以往任何時候都善於與人溝通，即使遭遇客戶的拒絕最終也能巧妙地化解。

小技巧巧妙化解銷售困境

每個銷售員都會有面對銷售困境的時候。造成這種銷售困境的原因有很多種，可能是價格上的分歧、交易條件上的分歧、售後服務方面的分歧等。雙方要麼沉默相對，要麼索性以客戶拒絕而告終，這是雙方都不願意看到的局面，也會給各自帶來損失。

那麼如何化解矛盾，擺脫困境呢？

1．將焦點矛盾先放一邊

設想一下，假如你是一家醫療機械生產企業的銷售代表，在完成產品介紹後，醫院方面對你說：「在你之前已經有兩家企業來找過我了，產品功能基本相同，但他們的價格比你們的低10％，如果你堅持這個價位，我們之間沒有合作的可能。」而你所在的公司嚴格規定只能在售價基礎上降低5％，你會怎麼辦呢？

面對這個問題，有經驗的銷售員一般會把價格問題暫時放到一邊，而是深入地介紹產品與眾不同之處，刺激客戶的購買欲望。當他們有了非買不可的欲望時，再轉回來談價格的話就會佔據有利地位，對方就會做出一定幅度的讓步。

所以，在遇到此類銷售困境的時候，我們可以將焦點矛盾先放一邊，從其他方面進行突破之後再回來解決最初的問題。

2．巧妙讓步

過早地讓步往往導致己方的後悔，而該讓步時不讓步，則容易導致銷售破裂。可以說，讓步也是一門學問。銷售者可以在讓步之前做假設性提議，試探對方的靈活性。比如你可以問：「如果我把價格降低5％，您能確定和我們簽約嗎？」「如果我給您90天的賒帳期限，而不是60天，您能先把以前的利息付清嗎？」等試探出對方的底線之後再根據實際情況掌握讓步的尺度。

另外，也可以在銷售時將讓步份額分成若干份，有分寸地讓步，一份一份拋出。這

樣能產生迷惑對方的作用。儘量不要讓對方瞭解你的底細，讓對方覺得每一次你都是無可奈何的，讓對方感到來之不易。這樣一來，對方也會以自己的讓步來作為回報。由少到多的讓步也能有效地讓對方認為，你的讓步是有限的，再做出讓步是希望不大的。這種方式通常是非常有效的。

3．更換銷售代表

隨著銷售的深入，雙方的合作分歧很容易慢慢地演變成對人的分歧。因為雙方銷售人員的不同思想和作風會產生一些不可調和的矛盾，甚至有的銷售人員到了最後會因為對對手的憎恨將個人恩怨凌駕於企業利益之上。這種情況下，及時更換銷售人員可以緩解雙方的緊張關係。

4．修改交易條件

條件是死的，人是活的。銷售實際上就是一個討價還價解除分歧的過程。如果是價格上的分歧，銷售者可以嘗試用提高付款比例、承擔物流運輸費用、縮短回款期限、調整交貨時間等辦法，找到符合雙方利益但是又可以保持總體交易金額不變的雙贏方式。當你讓對方感到實惠時，對方也會做出適當的讓步。

5．暫停銷售

激動時做出的選擇最為危險，所以在雙方都很激動的時候可以採取暫停銷售的方式，

進一步收集資訊，重新評估銷售方案，推測出對方的替代方案、價格底線以及銷售壓力，判斷對方接下來的舉措。

6．申請高層介入

當雙方的銷售無法達成一致的時候，可以請雙方的高層決策人員會晤，以彌補即將破裂的銷售關係。這樣做的最大好處就是上司能在你不能許諾的事情上拍板決定，並態度強硬地要求對方做出讓步（有時候這是事先制定的策略），這時對方往往容易妥協，因為他們很清楚，如果拒不讓步此次銷售即將以失敗告終。

第六章 十八般武藝瓦解客戶拒絕

做好處理拒絕的準備

在與客戶每一次的銷售溝通中都會有滿足和不滿足的因素存在，雙方都會出現一些需要克服的反對意見。面對反對意見，你用什麼方法來解決，將直接影響你與客戶談判的成功與否。

戴爾先生曾和一位珠寶商交涉，戴爾先生妻子的視力不太好，她所使用的手錶的指標必須長短針分得非常清楚才行，可是這種手錶非常難找。他們費盡了心力，總算在那位珠寶商的店裡找到了一只戴爾太太能夠看得清楚的手錶，但是，那只手錶的外觀實在

是不盡如人意。也許是由於這個緣故，這只手錶一直賣不出去，就200元的定價而言似乎貴了一些。

戴爾先生告訴珠寶商，這只手錶200元太貴了。

珠寶商告訴戴爾先生，這只錶的價格是非常合理的。因為這只錶精確到一個月只差幾秒。

戴爾先生告訴他，時間精確與否並不很重要。為了證明自己的觀點，戴爾先生還拿出了他妻子的天美時錶讓珠寶商看：「她戴這只10塊錢的手錶已經有7年，這只錶一直是很管用的。」

珠寶商回答：「喔！經過7年時間，她應該戴只名貴的手錶了。」

議價時，戴爾先生又指出這只手錶的樣式不好看。

珠寶商卻說：「我從來沒有見過這麼一只專門設計給人們容易看的手錶。」

最後，他們以150元成交。

處理對方的反對意見時要圓滑、委婉，不至於使對話陷入僵局，要運用削弱客戶立場的方法來掌控客戶。練習以下9個步驟，也許會為你成為銷售高手提供一些幫助：

第一步：在和客戶溝通之前，先寫下自己產品和其他競爭產品的優點和缺點。

第二步：記下一切你能想到的、可以被客戶挑剔的缺點或考慮不周之處。

第三步：讓朋友或同仁儘量提出反對的意見。練習回答這些反對的意見。

第四步：當客戶提出某項反對意見時，要在回答之前瞭解問題的癥結。

第五步：當你瞭解問題的癥結後，前後權衡一下，看看問題是否容易應付。若是容易應付的反對意見，便可以利用現有的證據加以反駁。

第六步：利用反問來回答客戶，誘導客戶回答你「是」。例如，你推銷汽車時不妨詢問客戶：「你是不是正在為昂貴的維修費煩惱著？」而客戶的回答很可能是肯定的。既然客戶不喜歡昂貴的汽油費和維修費，那麼你就可以乘機向客戶介紹你轎車的優點了，這是一個再好不過的機會。

第七步：不要同意客戶的反對意見，這樣會加強客戶的立場。汽車推銷員如果說：「是的，我們生產的轎車維修費用是很高的，但是……」如此之舉就屬於不明智了。

第八步：假如客戶所提出的反對意見是容易應付的，你可以立刻拿出證明來，同時還可以要求客戶同意。

第九步：假如客戶所提出的反對意見令你非常棘手，那麼你就要以可能的語氣來回答，然後再指出一些對客戶更有利的優點。

如何應對「沒有時間」的推諉

沒有時間，看起來是一個非常好的理由，也是大多數人拒絕銷售時候的理由，這個理由看起來十分正當。但是，客戶是真的「沒有時間」嗎？多數情況下，當然不是了，更多情況下這種理由只是一種友好的推諉。其實它的潛臺詞就是「我根本就不想聽你說的推銷意見」「我不想把時間浪費在這種無關緊要的銷售上」「哎，肯定又是騙人的」……這些想法才是客戶的真實觀點。那麼，你要做的就是打破這個「沒有時間」的僵局。

客戶在索要了有關××保險的5年期兩全保險的資料後就沒有聯繫了，因此銷售人員主動給客戶打電話瞭解客戶的具體要求。

銷售人員：「李先生，您好，上次給您送的保險資料都看過了吧？」

客戶：「看過了！」

銷售人員：「有沒有什麼具體的問題，我能否幫您呢？」

客戶：「不用，我基本瞭解了。我現在很忙，等有時間我再給您電話，可以吧？」

銷售人員：「保險主要保的就是意外，如果您特別忙，說明經常在外，安全係數就比較低，如果投保了，對家人總是一種保障，您說呢？」

客戶：「我知道，現在不說了，我還在開會，確實太忙，我一定給您電話的。」

銷售人員：「我們上門，一點都不麻煩，只要5分鐘。5分鐘如果可以獲得一份妥當的保險還是值得的，您先忙，我們等著您來電。」

客戶：「不行呀，這個會完了立刻就要走。」

銷售人員：「我知道您肯定特別忙，不然您就給我電話了。我這個電話的意思是，我們××保險有一個精神，那就是不能由於客戶忙而耽誤了客戶感興趣的保險，不能由於您忙而讓您無法享受我們的優質服務，這樣，我們約一個時間，我過去。」

客戶：「您過來呀？但我還在開會呀。」

銷售人員：「不用考慮我，您開會，我等您。××保險的精神不能在我這裡停滯，您說地點吧。」

客戶：「不行呀，這個會完了，立刻就要走，肯定沒有時間與您談。」

銷售人員：「我們不用談，5分鐘就夠，實在不行，我與您的秘書具體談一下也行，其實我都已經在路上了，我來核對一下您的具體地址。」

客戶：「都已經在路上了？那好吧，地址是……」

「沒有時間」似乎成了現代人的口頭禪，而且用來作為拒絕的理由也顯得特別充足。其實「沒有時間」是一個相對的概念。問題的關鍵在於：對自己很重要的事情，人們總會有時間；當覺得某件事不那麼重要時，人們總會想辦法推託。當銷售人員打電話給客戶，客戶說「我現在很忙，沒有時間，以後再說吧」時，這種情況只能說明一個道理，這位銷售人員的電話對這位客戶來說並不重要，客戶手裡的任何一件事都比接聽這位銷售人員的電話重要。

其實解決這個問題很簡單，就是銷售人員務必讓自己的電話聽起來是對對方有用的，而且非常重要。過於平淡的話語不足以打動一個商業上忙碌的生意人，要從核心實質上打動客戶。總的來說，應對繁忙的客戶首先要強調佔用的時間是短暫的，其次要強調已經採取行動，從而獲得銷售的成功。

客戶用競爭對手推諉時怎麼辦

產品和服務很多的時候，客戶會進行一種對比，在對比的時候，就很可能在一家看產品或者服務時提到另外一家的優勢，並以此為理由，提出考慮或者直接拒絕購買。那麼這種情況，我們應該怎麼處理呢？

潛在客戶已經充分瞭解了某銷售人員的產品之後，在決定購買前到競爭對手那裡詢問了一下，又打電話來問銷售人員如下的問題。

客戶：「人家的那個冰箱不僅內部空間大，自動除霜，而且還特別省電。你們這個好像沒有這個特點呀。」

銷售人員：「您關注的真的非常仔細，我想請您思考一個問題：冰箱的主要功能是什麼？首先應該是保鮮，以及容量可以存放整個家庭用的蔬菜、水果或者熟食，如果為了達到省電的要求而降低冰箱的製冷溫度，導致保存的食品變質，那麼省電的意義何在呢？」

案例中銷售人員回答的關鍵就是讓客戶回到對冰箱的最基本功能的思考上，不要被

競爭對手額外的所謂產品創新牽引，透過強調產品的基本功能贏得客戶的信任。

如果銷售人員對潛在客戶的問題做出如下答覆：「其實也省不了多少電，保鮮和空間才是冰箱主要考慮的要點。」這樣的回答並不能消除客戶內心的顧慮，他對於省電的疑問沒有得到真正的解決。所以客戶用競爭對手的優秀來刁難時，要引導客戶回到實質性的問題上來。

同時，在這一方面我們一定要遵守一個鐵則，那就是無論客戶如何提出競爭對手的好處來，我們一定不能給予立刻的反駁。讚賞競爭對手，對競爭對手的優點給予肯定，會讓客戶感到你是一個公平理智的推銷員，這樣，客戶在無形之中就向你靠近了。

有的時候，客戶已經買過競爭對手的產品，這時推銷員在評論其產品時需格外小心，因為批評那種產品就等於是對客戶的鑑賞力提出懷疑，此時必須學會講究策略。這些策略包括以下幾點：

1.不貶低、誹謗同行業的產品是推銷員應堅持的一條鐵的紀律。請記住，把別人的產品說得一無是處，絕不會給你自己的產品增加一點好處。

2.對待競爭對手除了給對手真誠的讚賞外，還要儘量掌握對手的情況。

3.在實際行動中，要承認對手，但是不要輕易進攻。毫無疑問，避免與競爭對手發生猛烈衝撞是明智的，而要想絕對迴避他們也不可能。但是，你絕對不能輕易攻擊競爭

對手。

4.最好不要和你的客戶進行對比試驗。有時，競爭變得異常激烈，必須採用直接對比試驗來確定競爭產品的優劣，比如在銷售農具、油漆和電腦時就經常這樣做。如果你的產品在運行起來後客戶馬上可以看到它的優點，採用這種對比試驗進行推銷就再有效不過了。但是，如果客戶本來就討厭開快車，你還向他證明你的車比另一種車速度快，那便是不得要領了。

其實，很多時候，你要明白客戶的心理，他能夠在你面前提到競爭對手，可能會有兩個理由，第一是想要要求一些優惠，言下之意就是「對方的產品品質也不差，但是價錢比你們便宜，這個問題你怎麼解釋」，然後以此期望能夠得到一些優惠；第二就是客戶希望瞭解雙方產品的不同和特點，並且進行對比，然後來確認哪一種才是自己真正需要的。但是，無論是出於哪一種目的，客戶能夠以你為標準，以競爭對手為輔來進行對比，就說明客戶潛意識裡更以你為重，他還是優先考慮你的產品。所以，這個時候，各種技巧的使用就必須更加完善，千萬不要煩惱地以一句「既然你覺得他們的好，那就去看他們的吧」將客戶趕走。

如何恰當處理客戶的反對意見

當我們進行銷售的時候，勢必會遇到客戶的反對意見，這就是客戶對我們最直接的抗拒情緒或者觀點的表達。這個時候，我們一定要做好最充足的心態準備和技巧準備。下面我們提供幾個可供參考的應對技巧：

1. 反問。

查明客戶的意見是否真正反對，徹底搞清楚客戶的要求是非常重要的。推銷人員要設法瞭解客戶在想什麼，以便解決他們的疑慮。

如果有人說價格太高，這可能意味著：

別人的價格更低。

這比客戶原來想像的價格要高。

客戶買不起。

客戶想打折。

這在客戶的預算之外。

客戶沒權力做決定。

客戶的目的是爭取降低價格。

客戶不是真的想要。

「價格太高」背後的真實原因可能是上面諸多原因中的任何一種，所以處理的第一步是反問以下問題：

太高是多少？

我可以問問你為什麼這麼說嗎？

我可以知道你為什麼認為價格太高嗎？

2. 表示同意並進行權衡。

同意並不意味著說「好吧，我非常同意你的看法」，從而放棄生意。推銷人員同意的是客戶的想法而不是客戶的反對意見。推銷人員鋪墊了前景，同時又沒貶低他們，以經驗、結果、實例、成功和評估對他們的反對意見進行了溫和的反駁。

對客戶的反對意見，如果推銷人員直接反駁，會引起客戶不快。推銷人員可首先承認客戶的意見有道理，然後再提出與客戶不同的意見。這種方法是間接否定客戶意見，比起正面反擊要委婉得多。

一位傢俱推銷人員向客戶推銷各種木製傢俱，客戶提出：「你們的傢俱很容易扭曲

變形。」推銷人員解釋道：「您說得完全正確，如果與鋼鐵製品相比，木製傢俱的確容易發生扭曲變形。但是，我們製作傢俱的木板已經過特殊處理，扭曲變形係數已降到只有用精密儀器才能測得出的地步。」

在回答客戶提出的反對意見時，這是一個普遍應用的方法。它非常簡單，也非常有效。具體來說就是：一方面推銷人員表示讚許客戶的意見，另一方面又詳細地解釋了客戶產生意見的原因及其看法的片面性。

因為許多客戶在提出對商品的不同看法時，都是從自己的主觀感受出發的，往往帶有不同程度的偏見。採用這種方法，可以在不同客戶發生爭執的情況下，客氣地指出客戶的看法是不正確的。

在一家植物商店裡，一位客戶正在打量著一株非洲紫羅蘭。他說：「我打算買一株非洲紫羅蘭，但是我聽說要使紫羅蘭開花不是一件容易的事，我的朋友就從來沒看到過他的紫羅蘭開過花。」這位營業員馬上說：「是的，您說得挺正確，很多人的紫羅蘭開不了花。但是，如果您按照規定的要求去做，它肯定會開花的。這個說明書將告訴您怎樣照顧紫羅蘭，請按照要求精心照料，如果它仍然開不了花，可以退回本商店。」

這位營業員用一個「是的」對客戶的話表示同意，用一個「但是」闡明了紫羅蘭不開花的原因，這種方法可以讓客戶心情愉快地糾正對商品的錯誤理解。

3. 提供答覆。

轉移客戶的反對意見的第三步是給客戶滿意的答覆。每個人都有自己的想法和立場，在推銷的過程中，若想使客戶放棄所有的想法和立場，完全接受你的意見，會使對方覺得很沒面子。特別是一些關係到個人主觀喜好的立場，如顏色、外觀、樣式，你千萬不能將你的意志強加於客戶。

讓客戶接受你的意見又感到有面子的方法有兩種，一是讓客戶覺得一切決定都是由他自己做出的；二是在小的地方讓步，讓客戶覺得他的意見及想法是正確的，同時也接受你的意見及想法，覺得應該改正。

成功的推銷人員從不會想到要說贏客戶，他們只會建議客戶，在使客戶感受尊重的情況下進行推銷工作。

一位從事專業壽險推銷的優秀推銷員曾說過：「當客戶提出反對看法的時候，這些反對的看法不會影響最終合約或只要修改一些合約內容時，我會告訴客戶『你的看法很好』或『這個想法很有見解』等贊成客戶意見的說辭。我就是在贊成客戶的狀況下進行我的推銷工作。當客戶對他先前提出的反對意見很在意的時候，他必定會再次地提出，如果不是真正重大的反對意見，當我們討論合約上的一些重要事項時，客戶通常對先前提出的反對意見已不再提出。我就是用這種方法進行我的推銷工作，客戶簽約時，他們

都會覺得是在自己的意志下決定壽險合約內容的！」

推銷的最終目的在於成交，說贏客戶不但不等於成交，反而會引起客戶的反感，所以為了讓推銷工作順利進行，不妨儘量表達對客戶意見的肯定看法，讓客戶感到有面子。

千萬記住，逆風行進時，只有降低抵抗，才能行得迅速、不費力。

一定要注意尊重客戶的看法、想法，讓客戶充分感覺到他才是決策者，要讓客戶覺得自己是贏家，客戶有了這些感覺，你的推銷就會勢如破竹；反之，逆勢操作，將使你在推銷的過程中倍感艱難。

如何應對客戶的「考慮一下」

在推銷員進行建議和努力說服或證明之後，客戶有時會說一句：「知道了，我考慮看看。」或者是：「我考慮好了再跟你聯繫，請你等我的消息吧！」顧客說要考慮一下，是什麼意思？是不是表示他真的有意購買，還是現在還沒考慮清楚呢？

如果你是這麼認為，並且真的指望他考慮好了再來購買，那麼你可能是一位不合格的推銷員。其實，對方說「我考慮一下」，是一種拒絕的表示，意思幾乎相當於「我並

不想購買」。

要知道，推銷就是從被拒絕開始的。作為一名推銷員，當然不能在這種拒絕面前退縮下來，正確的做法應該是迎著這種拒絕頑強地走下去，抓住「讓我考慮一下」這句話加以利用、充分發揮自己的韌勁，努力達到商談的成功。所以，如果對方說「讓我考慮一下」，推銷員應該以積極的態度盡力爭取，可以用如下幾種回答來應對：

1.「我很高興能聽到您說要考慮一下，要是您對我們的商品根本沒有興趣，您怎麼肯去花時間考慮呢？您既然說要考慮一下，當然是因為對我所介紹的商品感興趣，也就是說，您是因為有意購買才會去考慮的。不過，您所要考慮的究竟是什麼呢？是不是只不過想弄清楚您想要購買的是什麼？這樣的話，請儘管好好看清楚我們的產品；或者您是不是對自己的判斷還有所懷疑呢？那麼讓我來幫您分析一下，以便確認。不過我想，結論應該不會改變的，果然這樣的話，您應該可以確認自己的判斷是正確的吧！我想您是可以放心的。」

2.「可能是由於我說得不夠清楚，以至於您現在尚不能決定購買而還需要考慮。那麼請讓我把這一點說得更詳細一些以幫助您考慮，我想這一點對於瞭解我們商品的影響是很大的。」

3.「您是說想找個人商量，對吧？我明白您的意思，您是想要購買的。但另一方面，

您又在乎別人的看法，不願意被別人認為是失敗的、錯誤的。您要找別人商量，要是您不幸問到一個消極的人，可能會得到不要買的建議。要是換一個積極的人來商量，他很可能會讓你根據自己的考慮做出判斷。這兩種人，找哪一位商量會有較好的結果呢？您現在面臨的問題只不過是決定是否購買而已，而這種事情，必須自己做出決定才行，此外，沒有人可以替您做出決定的。其實，若是您並不想購買的話，您就根本不會去花時間考慮這些問題了。」

這樣，緊緊咬住對方的「讓我考慮一下」的口實不放，不去理會他的拒絕的意思，只管借題發揮、努力爭取，盡最大的可能去反敗為勝，這才是推銷之道。

一次精彩的示範勝過一千句說明

向客戶示範產品的功能和優點，告訴客戶你給他們帶來的便捷，給客戶一個直接的衝擊，這非常有利於推銷成功。百聞不如一見。在推銷事業中也是一樣，實證比巧言更具有說服力，所以我們常看見有的餐廳前設置了菜肴的展示櫥窗；服飾的銷售方面，則衣裙洋裝等也務必穿在人體模特兒身上；建築公司也都陳列著樣品屋，正在別墅

區建房子的公司，為了達到促銷的目標，常招待大家到現場參觀。口說無憑，如果放棄任何銷售用具（說明書、樣品、示範用具等），你面對的只可能是客戶無情的拒絕，銷售行為也絕無成功的希望。

一家鑄砂廠的推銷員為了重新打進已多年未曾來往的一家鑄鐵廠，多次前往拜訪該廠採購科長。但是採購科長始終避而不見，在推銷員緊纏不放的情況下，那位採購科長迫不得已給他5分鐘時間見面，希望這位推銷員能夠知難而退。但這位推銷員胸有成竹，在科長面前一聲不響地攤開一張報紙，然後從皮包裡取出一袋砂，突然將砂倒在報紙上，頓時砂塵飛揚，幾乎令人窒息。科長咳了幾聲，大吼起來：「你在幹什麼？」

這時推銷員才不慌不忙地開口說話：「這是貴公司目前所採用的砂，是上星期我從你們的生產現場向領班取來的樣品。」說著他又另鋪一張報紙，又從皮包裡取出一袋砂倒在報紙上，這時卻不見砂塵飛揚，令科長十分驚異。緊接著又取出兩個樣品，性能、硬度和外觀都截然不同，使那位科長驚歎不已。就是在這場戲劇性的示範中，推銷員成功地接近了客戶，並順利地贏得了一家大客戶。

推銷員正是利用精彩的示範接近了客戶，並取得了成功。藝術的語言配以形象的表演，常常會給你帶來驚人的效果。

通用公司幾年來想推銷教室黑板的照明設備給一所小學校，可聯繫了無數次，說了

無數好話均無結果。這時一位推銷員想出了一個主意，使問題迎刃而解。他拿了根細鋼棍出現在教室黑板前，兩手各持鋼棍的端部，說：「先生們，你們看我用力彎這根鋼棍，但我不用力它就又直了。但如果我用的力超過了這根鋼棍最大的承受力，它就會斷。同樣，孩子們的眼睛就像這彎曲的鋼棍，如果超過了孩子們所能承受的最大限度，視力就會受到無法恢復的損壞，那將是花多少錢也無法彌補的。」

沒過多久，通用電器公司終於如願以償了。

示範是一個很好的推銷方式，但是在示範時我們要注意一些技巧，才能夠事半功倍：

1.重點示範客戶的興趣集中點

在發現面前客戶的興趣集中點後可以重點示範給他們看，以證明你的產品可以解決他們的問題，符合他們的要求。

2.讓客戶參與示範過程

如果在示範過程中能邀請客戶加入，則效果更佳，這樣給客戶留下的印象會更深刻。

3.用新奇的動作引起客戶的興趣

在示範過程中，推銷員的新奇動作也會有助於引起客戶的興趣。

4.示範要有針對性

如果你所推銷的商品具有特殊的性質，那麼你的示範動作就應該一下子把這種特殊

性表現出來。

5.示範動作要熟練

在示範過程中，推銷員一定要做到動作熟練、自然，給客戶留下俐落、能幹的印象，同時也會對自己的產品有信心。

6.示範時要心境平和，從容不迫

在整個示範過程中，推銷員要心境平和，從容不迫。尤其遇到示範出現意外時，不要急躁，更不要拚命去解釋，否則容易給客戶造成強詞奪理的印象，前面的一切努力也就付諸東流了。

如果你能用示範很好地將商品介紹給客戶並且能引起顧客的興趣，你的銷售就成功了一半。

要學會用腦子「分析問題」

當你遭遇銷售僵局時，你面臨的選擇就會變得極為有限了。放棄這筆生意太可惜，因為之前你付出很多心血，可是向客戶妥協會吞食掉你的利潤。這時，就需要我們好好分析，弄清楚客戶的真實想法，避開客戶的鋒芒，引導客戶走一條雙贏的道路。

許多優秀推銷員的經驗告訴我們：一個優秀的推銷人員可以一直說「不」，仍能做成生意；只有那些缺乏生意經驗的推銷員，才會在客戶提出無理要求的時候，還強迫自己欣然接受。

如果客戶說：「你們的××產品定價太高，我們可負荷不了。」

經過你的仔細分析後，你會知道客戶的潛臺詞是在告訴你：「我們的要求其實很低，不需要支付這麼昂貴的價格。」

發生這種事情時，我們沒有必要非得強調我們的價格定得多麼合理，即使是這樣，我們要在能帶給客戶更多的利益上下工夫，讓他們覺得這種價格與他們所得到的利益是成正比的。我們必須考慮在每個反對意見背後存在的真實問題，你只有解決這個隱藏著

的真實問題，你才能贏得推銷，使客戶心甘情願地與你簽約。

在銷售過程中，即使面臨僵局也不能與客戶發生口角，因為口角不能解決任何問題，還會傷害你與客戶之間的感情，而且可能給你帶來許多意想不到的不良影響。我們可以利用其他有利之處來反駁客戶，你可以使語氣柔和些：「我能理解您此時的感受，××先生，在××公司工作的 B 先生給我們寄來了感謝信，他提到我們公司產品的一些優點，如果您需要，我可以給您看一看他給我們的來信。」

這時，客戶也處在猶豫不決的時刻，他也希望有成功使用該產品的案例。這種方法比你花費大量時間去反駁客戶要好。

在你的手頭保留一些值得客戶參考的資料，可以為你的說辭提供強有力的證據。

在銷售過程中，我們可以使用各種技巧使形勢轉向有利於我們的方向，並且要沉穩自如，絕不要因為無法回答客戶的問題而面紅耳赤，你應該以一種穩操勝券的姿態來面對你的客戶。你要讓客戶明白他將獲得的利益，一切都是在為他服務。

麥克是一名保險推銷員。為了讓一位難以成交的客戶接受一張10萬美元的保險單，他連續工作了幾個星期，事情前前後後拖了很長時間。最後，那位客戶終於同意進行體檢，但最後從保險部得到的答案是：「拒絕，申請人體檢結果不合格。」

看到這個結果，麥克並沒有就此放棄，他靜下心來想了一下：客戶已經到這個年齡，

投保肯定不會只為自己，一定還有別的原因，也許我還有機會。於是，他以朋友的名義去探望了那位申請人。他詳細地解釋了拒絕其申請的原因，並表示很抱歉。然後，話題轉到了客戶購買保險的目的上。

「我知道您想買保險有許多原因。」他說，「那些都是很好的理由，但是還有其他您正努力想達到的目的嗎？」

這位客戶想了一下，說：「是的，我考慮到我的女兒和女婿，可是現在不能了。」

「原來是這樣，」麥克說，「現在還有另一種方法，我可以為您制訂一個新計畫（他總是說計畫，而不是保險），這個計畫能為您的女婿和女兒在您去世後提供稅收儲蓄，我相信您將認為這是一個理想的方法。」

果然，客戶對此很感興趣。

麥克分析了他的女婿和女兒的財產，不久就帶著兩份總計15萬美元的保險單回來了。那位客戶簽了字，保險單即日生效。麥克得到的佣金是最初那張保險單的兩倍還多。

在銷售中，常常會因為某種原因，使推銷計畫無法實行。在這種情況下，多數推銷員會主動放棄，而優秀的推銷員則會深入思考，力求從另一個途徑再次找到銷售的突破口。

就像案例中的麥克，他花了幾個星期的時間來說服客戶購買保險，但體檢的結果是

客戶不能投保，面對這個結果，麥克並沒有陷入消極思維，就此放棄，而是進行了深入思考，這是優秀的分析習慣。

帶著思考的結果，他再次拜訪了客戶，正如他預料的那樣，客戶投保還有其他深層次的原因：為了女兒和女婿。得到這個資訊後，麥克利用自己豐富的專業知識，立刻為客戶制訂了一個新的保險計畫，並獲得了客戶的認可，最後促成了交易。

無輪如何都不和客戶爭辯

由於各種原因，我們不可避免地會遇到客戶的投訴，這就需要我們馬上幫助客戶解決問題，這樣才會增加客戶的忠誠度。如果不能妥善處理客戶的投訴，一味地與客戶爭吵，最後的結果只能是失去客戶。

艾利森是某電器公司的推銷員，他費了很大勁才向一家工廠銷售了幾台發動機。

3個星期後，他再度打電話給那家工廠推銷，本以為對方會再向他購買幾百台的，不料，那位總工程師一聽說是他便抱怨起來。以下是兩人的對話。

總工程師：「艾利森，我不能再從你那兒買發動機了！因為你們公司的發動機太不

理想了。」

艾利森：「為什麼？」

總工程師：「因為你們的發動機太燙了，燙得連手都不能碰一下。」

艾利森（知道和對方爭辯沒有任何益處）：「史賓斯先生，我完全同意您的意見，如果發動機發熱過高，應該退貨，是嗎？」

總工程師：「是的。」

艾利森：「當然，發動機是發熱的，但您當然不希望它的熱度超過全國電工協會規定的標準，對嗎？」

總工程師：「對的。」

艾利森：「按照標準，發動機可以比室內溫度高22℃，對嗎？」

總工程師：「對的。但你的產品卻比這高出很多。」

艾利森：「你們廠方內的溫度是多少？」

總工程師：「大約24℃。」

艾利森：「廠方是24℃，加上應有的22℃，共是46℃。您把手放在46℃的熱水龍頭上，也會感到燙手啊！」

總工程師（不由得點頭）：「是。」

艾利森：「好的，以後您不要用手去摸發動機了。放心，那完全是正常的。」

結果，艾利森又做成了一筆生意。

在銷售過程中，時常會有客戶表示不滿，或有所要求。對經驗不足的新人而言，這種情況常會使其驚惶失措，不知如何應對。有一些極端的情況，甚至有銷售人員直接和客戶爭辯起來，吵得面紅耳赤，似乎銷售人員想用自己的想法來替代客戶的不滿一樣。其實，這種情況不但不能說服客戶，還可能帶來一連串負面影響。比如，這筆生意最終並沒有因為爭論而成功，還有可能因此影響銷售人員、產品、服務甚至公司的口碑。那麼，遇到這個問題，我們應該怎麼做呢？

其實，很多時候顧客對產品的反對，並不代表他真的不需要這樣的產品。當顧客對所推薦產品不滿意時，作為銷售人員，要先從顧客不滿的言語中收集資訊，破解顧客內心的真實需求，這樣才能取得事半功倍的效果。不爭辯並不是不說話，而是用良好的態度營造和諧的氛圍，最後再來解決問題。所以，在瞭解顧客內心的真實想法後，銷售人員還應做到對顧客需求的理解完全、清楚和證實。

完全是指銷售人員要對顧客的需求有全面的理解。顧客都有哪些需求？這些需求中對顧客最重要的是什麼？它們的優先順序是什麼？

清楚是指要知道顧客的具體需求是什麼，顧客為什麼會有這些需求。很多銷售人員

都知道顧客的需求，如顧客說：「我準備要小一點的電冰箱。」這是一個具體的需求，但他們對顧客為什麼要小一點的電冰箱並不知道。「清楚」也就是讓銷售人員找到顧客需求產生的原因，而這個原因其實也是需求背後的需求，是真正驅動顧客採取措施的動因。找到了這個動因，對銷售人員去引導顧客下定決心做決策會很有幫助。

證實是指銷售人員所理解的顧客的需求是經過顧客認可的，而不是自己猜測的。

那麼，當顧客對商品不滿意時該如何應對呢？要注意兩點：

第一是詢問，詢問顧客哪裡不滿意。這些問題可巧妙地擊中顧客的隱衷，使其內心的真實想法完全表露出來。

第二是跳過這一款介紹另一款，在這個過程中最重要的是銷售人員必須用委婉的話術和鄭重的表情重新定義顧客所謂的不滿意產品。

銷售人員的一言一行必須釋放出對品牌的熱愛和自信。如果能做到這一點，就容易感染顧客，使其對品牌產生信心。

客戶異議既是成交障礙，也是成交信號

銷售始於拒絕——是推銷大師雷德的名言。在推銷過程中，客戶常常提出各種理由拒絕推銷人員。他們會對推銷人員說「產品沒有特色」、「價格太高了」等。據統計，美國百科全書推銷人員每達成一筆生意要受到179次拒絕。想成為一名成功的推銷人員，你首先就得學會如何應對客戶的拒絕。

客戶的拒絕包括直接拒絕與異議拒絕兩種。直接拒絕就是類似「對不起，我不需要」此類的話，而異議拒絕則是如下幾種類型：

「我們買不起。」

「我想多比較幾家。」

「太貴了。」

「現在不太合適。」

……

對於直接拒絕，說明客戶目前對你的產品不感興趣，不必糾纏，客氣地道謝離去。

但要不時地與客戶保持聯繫，直到他們改變這種態度。改變態度的標誌就是他們用異議拒絕代替直接拒絕。

對於客戶的異議拒絕，推銷員要正確理解。客戶異議既是成交障礙，也是成交信號。我國有一句經商格言「褒貶是買主，喝采是閒人」說明了這個道理。異議表明客戶對產品感興趣，包含著成交的希望，推銷人員若給予客戶滿意的答覆，就有很大可能說服客戶購買產品。並且，推銷人員還可以透過客戶異議瞭解客戶心理，知道他為何不買，從而有助於推銷人員按病施方，對症下藥。

對推銷而言，可怕的不是異議，而是沒有異議。不提任何意見的客戶常常是最令推銷人員擔心的客戶，因為他們很難瞭解客戶的內心世界。美國的一項調查表明：和氣的、好說話的、幾乎完全不拒絕的客戶只占上門推銷成功率的15%。日本一位推銷專家說得好：「從事推銷活動的人可以說是與異議客戶打交道的人，成功解除異議的人，才是推銷成功的人。」

推銷人員要想比較容易和有效地解除客戶異議，可以遵循一定的程序：

1. 認真聽取客戶的異議。回答客戶異議的前提是要弄清客戶究竟提出了什麼異議。在不清楚客戶說些什麼的情況下，要回答好客戶異議是困難的，因此，推銷人員要做到：認真聽客戶講；讓客戶把話講完，不要打斷客戶談話；要帶有濃厚興趣去聽。推銷人員

應避免打斷客戶的話，匆匆為自己辯解，竭力證明客戶的看法是錯誤的，這樣做很容易激怒客戶，演變成一場爭論。

2.回答客戶問題之前應有短暫停頓。這會使客戶覺得你的話是經過思考後說的，你是負責任的，而不是隨意亂說的。這個停頓會使客戶更加認真地聽你的意見。

3.要對客戶表現出同情心。這意味著你理解他們的心情，明白他們的觀點，但並不意味著你完全贊同他們的觀點，而只是瞭解他們考慮問題的方法和對產品的感覺。客戶對產品提出異議，通常帶著某種主觀感情，所以，要向客戶表示你已經瞭解他們的心情，如對客戶說「我明白你的意思」、「很多人這麼認為」、「很高興你能提出這個問題」、「我明白了你為什麼這麼說」，等等。

4.複述客戶提出的問題。為了向客戶表明你明白了他的話，可以用你的話把客戶提出的問題複述一遍。

5.回答客戶提出的問題。對客戶提出的異議，推銷人員要回答清楚，這樣才能促使推銷進入下一步。

在客戶猶豫時，幫對方做決定

許多準顧客即使有意購買，也不喜歡迅速促成成交，他總要東挑西揀，在產品顏色、規格、式樣、交貨日期上猶豫不決。這時，聰明的推銷人員就要改變策略，暫時不談成交的問題，轉而熱情地幫對方挑選顏色、規格、式樣、交貨日期等，一旦這些問題得到了解決，其實也就是你在引導客戶，幫助客戶做決定。

假設你想買一件襯衫，到百貨公司或專賣店選購。在你還未決定到底要買哪種顏色、樣式、風格的襯衫時，必定會猶豫不決地在賣場裡來回挑選，此時，店員便會走上前來為你服務。

「請問您需要哪種顏色的襯衫？」

「嗯，深藍色的……」

「深藍色的嗎？這件您覺得如何？」

「嗯……花格子襯衫看起來似乎年輕了點，不符合我的年紀……」

「不會啦，您穿起來休閒又帥氣，而且款式新穎，又很合您的身材，和您再相配不

過，老實說真是物超所值哩！您還考慮什麼呢？」

「噢，是嗎……嗯……好吧，就買這件。」

像這類客戶和店員間的對話，在日常生活中屢見不鮮，或許你也曾有過類似的經驗。只要認真分析一下，你就會發現其中的奧妙。

其實客戶在進入商店之前，往往只是單純想買件襯衫，對於樣式並沒有任何概念。而店員在觀察到他猶豫不決的神態後，腦海中便飛快地擬出一套推銷策略。他隨手拿起一件放在面前的衣服，告訴客戶這是「最流行的」、「穿起來非常合身」之類的話，讓客戶不知不覺產生一股「想要買下來」的衝動。正因為客戶在踏進這家店之前，心中還弄不清楚自己究竟想要買哪種樣式的襯衫，所以在聽完店員一席話之後，便以為自己心目中理想的襯衫就是眼前這一件，於是痛痛快快地買下，而店員也因此成功說服客戶成交了一筆生意。這樣的例子，在日常生活中不勝枚舉。

為什麼人們會那麼容易被說服呢？那是因為人們做事普遍有一些傾向：

1．希望別人給出一個理由

人們在做一件事的時候，總是習慣先考慮為什麼。所以如果你想讓別人做某個決定，就要先告訴他們這樣做的理由。但是，你提供的這個理由必須能夠讓他（她）接受，否則會適得其反。你要讓他們相信，你的理由對他們有利，如果照你說的做，他們是真正

的受益者。

2．思維誤區

在涉及真的需要做出決定的問題之前先問一些其他有明確答案的問題，比如：「您希望日子過得更好一些，是嗎？」或者「您希望錢花在最有價值的東西上，是嗎？」等等。這些問題通常是只能用「對」來回答的。這樣，人們就會進入一個表示同意的思維框架，在需要做決定的時候，他（她）就更容易說「對」。

3．非此即彼

在期待對方做出決定時，如果你讓對方發現，不管怎樣說，他（她）都是在對你說「對」，只是選擇不同而已，那你就成功了。比如，你可以說：「你喜歡這一件還是白色的那一件？」而不要說：「你要一件嗎？」

4．「我期待著您說『好』」

幾乎所有人都是中立的，他們在決定面前習慣於被領導。所以，你要讓他們做決定之前明確地感覺到，你在期待著他們說「好」。這種感覺往往讓許多人毫不猶豫地隨你而去，學會說「好」。

5．怕自己的判斷會出錯，於是盲目從眾，將價值的衡量權完全交由他人

換句話說，只要有人處處順從自己的心意，我們便很容易將那人當作知己，進而全

盤接受他。要說服客戶不僅要懂得曉以利弊，還要讓客戶明白，若接受你所提出的建議會產生什麼好處，更要進一步說服對方付出行動。

別給反覆的人再拖的機會

相信許多行銷人員在進行行銷時，都會碰上這樣一種客戶：情緒化很強，答應好的事，過不了多久就又變卦了。對銷售人員來說，這一類型為「反覆無常型」客戶。那麼，遇到這種反覆無常型的客戶，行銷人員怎麼應付比較妥當呢？

「喂！陳總您好，我是小劉，上次咱們談關於安裝機器的事，我今天派安裝人員過去，您安排一下吧？」

「呀，這個事啊，是今天嗎？我今天很忙。你再過兩天打電話過來，咱們再談。」

「陳總，咱們這事已經定過3次了，您對這個機器也滿意，現在天也要冷了，儘快安裝上也可以避免很多麻煩，你說對吧？」

「對，這是肯定的。」

「陳總，今天您開會是幾點到幾點？」

「這個會估計要開到11點。」

「那您下午沒別的安排吧？」（尋找空隙。）

「下午很難說。下午我跟客戶有個聚會。」

「陳總，這樣吧，我們的人現在就過去。咱們花半個小時時間，您安排一下，接下來的工作，我們就和其他人具體交涉了，您還是去參加您的聚會，沒問題吧？」

「那好吧。」

小劉已經第四次與陳總接洽了，每次陳總給人的印象都是很爽快，但等到小劉催單的時候他三番五次地推拖。在有些情況下，拍板人爽快的同意，只是進一步考慮怎麼為自己脫身爭取時間。小劉透過分析確認陳總屬反覆無常型客戶，於是有針對性地設計了以上說辭。

從對話第二段中，可以看出陳總在前一次電話裡答應得很爽快，但等到小劉說要派人去安裝的時候，他馬上又改變了主意。小劉看他又要玩「太極」，馬上就說出第三段話來，並強調天冷，不趕緊安裝就會出現別的麻煩。陳總這時只能用「對，這是肯定的」作答，從而為自己爭取時間考慮怎麼脫身。為了不讓他再拖了，小劉要從他的時間安排裡找到空隙。這樣，就不會給他再次「拖」的機會和藉口。不要以為再約一個時間就一切都解決了，小劉在陳總說：「下午很難說。下午我和客戶有個聚會」中使用了策略，

防止拍板人一切從頭再來。因此，最後小劉緊追不捨，不給他出爾反爾的機會，讓其立即拍板。

對待這種反覆無常型客戶就應該像小劉一樣，找到空隙就趁熱打鐵，緊追不捨，不給客戶再拖的機會；否則只會遙遙無期，最後只得放手。另外，一些客戶接到你的電話並不準備傾聽或進行建設性的對話，甚至會攻擊你，在被客戶攻擊時仍然要保持愉快的心態，不要在意客戶的不敬。這也體現出一名合格的行銷人員的修養與素質。

適當肯定客戶的觀點

心理學認為，當人被肯定的時候，內心其實是非常高興的，或者說反應是良性的，沒有排斥感的。因為被肯定是自己區別於或者優於常人的特質、能力或者決策，從而產生良性效應反彈，其作用可以迅速拉近你與客戶的關係。因為，如果能得到肯定，客戶的內心也會很高興的，同時對肯定他的人必然產生好感。

所以在銷售溝通中，一定要用心地去找對方的價值，並加以積極的肯定和讚美，這是獲得對方好感的一大絕招。比如對方說：「我們現在確實比較忙」，你可以回答：「您

坐在這樣的位子上，肯定很辛苦。」

常用的表示肯定的詞語還有「是的」、「不錯」、「我贊同」、「很好」、「非常好」、「很對」……如「是的，張經理您說得非常好！」「不錯，我也有同感。」這一過程中切忌用「真的嗎」、「是嗎」等一些表示懷疑的詞語。

行銷人員小章上次電話拜訪張經理向他推薦A產品，張經理只是說「考慮考慮」就把他打發走了。小章是個不肯輕易放棄的人，在做了充分的準備之後，再一次打電話拜訪王經理。

小章：張經理，您好！昨天我去了B公司，他們的A產品系統已經正常運行了，他們準備裁掉一些人以節省費用。（引起話題——與自己推銷業務有關的話題）

張經理：不瞞老弟說，我們公司去年就想上A產品系統了，可是經過考察發現，很多企業上A產品系統錢花了不少，效果卻不好。（客戶主動提出對這件事的想法——正中下懷）

小章：真是在商言商，張經理這話一點都不錯，大把的銀子花出去，一定得見到效益才行。只有投入沒有產出，傻瓜才會做那樣的事情。不知張經理研究過沒有，他們為什麼失敗了？

張經理：A系統也好，S系統也好，都只是一個提高效率的工具，如果這個工具太

先進了，不適合自己企業使用，怎能不失敗呢。（瞭解到客戶的問題）

小章：精闢極了！其實就是這樣，超前半步就是成功，您要是超前一步那就成先烈了，所以企業資訊化絕對不能搞「大躍進」。但是話又說回來了，如果給關公一挺機槍，他的戰鬥力肯定會提高很多倍的，您說對不對？（再一次強調A系統的好處，為下面推銷做基礎）

……

小章：費用您不用擔心，這種投入是逐漸追加的。您看這樣好不好，您定一個時間，把各部門的負責人都請來，讓我們的銷售工程師給大家培訓一下相關知識。這樣您也可以瞭解一下您的部下都在想些什麼，您看如何？（提出下一步的解決方案）

張經理：就這麼定了，週三下午兩點，讓你們的工程師過來吧。

作為推銷員的小章雖然再次拜訪張經理的目的還是推銷他的A產品系統，但是他從效益這一關心的話題開始談起，一開始就吸引了張經理的注意力。在談話進行中，小章不斷地對張經理的見解表示肯定和讚揚，認同他的感受，從心理上贏得了客戶的好感。談話雖然進行到這裡，我們可以肯定地說小章已經拿到通行證，這張訂單已盡收囊中。

所以，在同理性的客戶溝通時，就要先從你的產品如何幫助他們，對他們有哪些好處談起，儘快引起他們的興趣，但是也不要把所有的好處都亮出來。同時，在銷售中要

善於運用他們的邏輯性與判斷力強的優點，不斷肯定他們，這樣才會取得行銷的良好效果。

給客戶留一個懸念

每個人都有好奇心，客戶自然也不例外。所以，我們在進行銷售的過程中，可以利用「懸念」將客戶的好奇心引導出來，從而瓦解客戶的抵觸情緒，促成成交。懸念行銷，指的就是透過對一件事物的多加掩蓋給人一種霧裡看花又不像花的感覺，慢慢地吊客戶或者潛在客戶的胃口，給人以超強的衝擊力的感覺，最終獲得行銷所需要的目的。

夏末秋初，美國西雅圖的一家百貨商店積壓了一批襯衫。這一天，老闆正在散步，看見一家水果攤前寫著「每人限購1000克」，過路的人爭相購買。商店老闆由此受到啟發，回到店裡，讓店員在門前的看板上寫「本店售時尚襯衫，每人限購一件」，並交代店員，凡購兩件以上的，必須讓經理批准。第二天，過路人紛紛進店搶購，上辦公室找經理特批超購的大有人在，於是店裡積壓的襯衫銷售一空。

這個案例的成功，均在於他們成功地運用了客戶的逆反與好奇心理：你們的產品越多，越急於讓我買，我越不買；你越對產品「遮遮攔攔」，我越好奇，非要弄個清楚明白不可。

推銷人員在推銷過程中也可以利用客戶的這種心理來吊足客戶的胃口，從而達到「姜太公釣魚——願者上鉤」的效果。

日本推銷之神原一平說：「我要求自己的談話適可而止，就像要給病人動手術的外科醫生一樣，手術之前打個麻醉針，而我的談話也是麻醉一下對方，給他留下一個懸念就行了。」

為了有效地利用時間，與準客戶談話的時候，原一平儘量把時間控制在兩三分鐘內，最多不超過10分鐘。因為客戶的時間有限，原一平每天安排要走訪的客戶很多，所以必須節省談話的時間。

原一平經常「話」講了一半，準客戶正來勁時，就藉故告辭了。「哎呀！我忘了一件事，真抱歉，我改天再來。」面對他的突然離去，準客戶會以一臉的詫異表示他的意猶未盡。雖然突然離去是相當不禮貌的行為，但是故意賣個關子，給客戶製造懸念，這樣常會收到意想不到的效果。

對於這種「說」了就走的「連打帶跑」的戰術，準客戶的反應大都是：「哈！這個

推銷員時間很寶貴，話講一半就走了，真有意思。」等到下一次他再去拜訪時，準客戶通常會說：「喂，你這個冒失鬼，今天可別又有什麼急事啊！……」

客戶笑，原一平也跟著笑，於是他們的談話就在兩人齊聲歡笑中順利地展開了。其實，原一平根本沒什麼急事待辦，他是在耍招、裝忙、製造笑料以消除兩人間的隔閡，並博得對方的好感。

談話時間太長的話，不僅耽誤對其他準客戶的拜訪，最糟的是會引起被訪者的反感。那樣的話，雖然同樣是離去，一個主動告辭，給對方留下「有意思」的好印象；另一個被人趕走，給對方留下不好的印象。

原一平這種獨特的辦法是根據自己的性格制定出來的，並不代表每個推銷員都可以照搬來用，但這種方法的核心「給客戶留一個懸念，吊足客戶的胃口」是推銷員必須領會的，你可以結合自己的特點制定出一套別具風格的「吊」的方法，然後在恰當的時機，給客戶的好奇心一個滿足，那麼你的推銷將變得輕鬆而愉快。

最後期限成交法

心理學有一個觀點：「得不到的東西才是最好的。」所以當客戶在最後關頭還是表現出猶豫不決時，銷售人員可以運用最後期限成交法，讓客戶知道如果他不儘快做決定的話，可能會失去這次機會。

廣告公司業務員傑森與客戶馬經理已經聯繫過多次，馬經理顧慮重重，始終做不了決定。傑森做了一番準備後，又打電話給馬經理。

傑森：「喂，馬經理您好，我是××公司的傑森。」

馬經理：「噢！是傑森啊。你上次說的事，我們還沒考慮好。」

傑森：「馬經理，您看還有什麼問題？」

馬經理：「最近兩天，又有一家廣告公司給我們發來了一份傳真，他們的看板位置十分好，交通十分便利，我想宣傳效果會更好一些。另外，價錢也比較合適，我們正在考慮。」

傑森：「馬經理，貴公司的產品的市場範圍我們是做過一番調查的，而且從貴公司

的產品的性質來講，我們的看板所處的地段對您的產品是最適合不過的了。您所說的另外一家廣告公司所提供的看板位置並不適合您的產品，而且他們的價格也比我們高出了不少，這些因素都是您必須考慮的。您所看中的我們公司的看板，今天又有幾家客戶來看過，他們也有合作的意向，如果您不能做出決定的話，我們就不再等下去了。」

馬經理：「你說的也有一定的道理。」（沉默了一會兒）「這樣吧，你改天過來，咱們談談具體的合作事項。」

就像案例中的傑森一樣，銷售人員不能總將自己放在弱勢的地位，一味地遷就著客戶。尤其是在可能會有合作意向的客戶面前，你所要使用的技巧就需要更加的豐富和多變。比如，這個時候，傑森給客戶傳遞一種資訊——我們的產品是有品質保障的，是最適合你的，如果你再不能下決定的話，我們也不會一味地耗在你的身上。這就是給客戶施加一種壓力，讓對方意識到現在該是做決定的時候了。所以，給對方一種時間壓力，讓對方覺得已經是「最後期限」了，可以有效地促成成交。但是，在使用這種方法的時候，你還要做到下面幾點：

1. 告訴客戶優惠期限是多久。
2. 告訴客戶為什麼優惠。
3. 分析優惠期內購買帶來的好處。

4.分析非優惠期內購買帶來的損失。

例如，你可以說：

「每年的三、四、五月份都是我們人才市場的旺季，我不知道昨天還剩下的兩個攤位是不是已經被預訂完了。您稍等一下，我打個電話確認一下，稍後我給您電話。」

「您剛才提到的這款電腦型號，是目前最暢銷的品種，幾乎每三天我們就要進一批新貨，我們倉庫裡可能沒有存貨了，我先打個電話查詢一下。」

「趙小姐，這是我們這個月活動的最後一天了，過了今天，價格就會上漲1/4，如果需要購買的話，必須馬上做決定了。」

「王總，這個月是因為慶祝公司成立二十周年，所以才可以享受這麼優惠的價格，下個月開始就會調回原來的價格，如果您現在購買一盒就可以節約60元。」

「李先生，如果你們在30號之前報名的話，可以享受八折優惠，今天是29號，過了今、明兩天，就不再享有任何折扣了，您看，我先幫您報上名，可以嗎？」

這樣，給客戶限定一個日期，就會給客戶帶來一種緊迫感，情急之下就會和你成交的。

但是，有些銷售人員明明想用這種方法，但最後沒成。究其原因，都是因為自己太磨蹭。例如，某一銷售人員小高在打電話給客戶時，他先告訴客戶，週末，也就是五天

後，他們的優惠活動就結束了。結果客戶就有意購買他的產品，但是還有點猶豫不決。談話中，小高又說他可以幫忙向經理說一下，給這位客戶適當地延長一下時間。沒想到，這一延長把客戶給丟了，客戶被別家公司搶走了。

限定了最後時間，就一定要嚴格遵守，一旦再給客戶留有餘地，就會讓客戶產生懷疑，生意十有八九就談不成了。所以決定用最後期限成交法一定要做得徹底，不能給對方留有餘地。

成交時要牢記的金律

成交是商務溝通的最終目標，需要好好把握。我們做的很多努力，最終的目的不外乎是「成交」，不要以為成交是水到渠成的事情，成交也需要我們去促進。在成交時，必須記住以下的金律，否則最後可能竹籃打水一場空：

第一，推銷過程不要操之過急。不要低估確定潛在客戶的重要性。

第二，核算一下你確定的結果，看看其中的比例是多少？諮詢一下主要人物在這個領域裡要達到什麼樣的目標？（如果你這樣做了，你就會和你的競爭對手區分開來）

第三，一旦你透過電話與某人取得聯繫，一定要確保你們的首次會面是在電話會談的基礎上進行的。不要讓人覺得你從來沒有跟對方接觸過。

第四，不要沉湎於一個客戶上。某公司行銷員小王曾經為了一個客戶在成交前和他接觸過30多次。這聽起來讓人印象深刻，但是如果她把花在打電話的時間用在確定潛在客戶的努力上，那麼她成交的交易何止一宗，也許是兩宗或是更多。

第五，在面談階段不要試圖進行產品陳述。不要把產品陳述和產品示範混淆起來。

第六，參觀潛在客戶的生產設備，或是其他真實環境。鼓勵你的潛在客戶到你的辦公室來。

第七，如果你一次又一次地發現，總是因為同樣的異議而失去交易——比如說，你的價格過高，那麼你可能就面臨一個管理層面上的問題。這時，你就應當花些時間與你的銷售經理談談你們公司的銷售戰略及市場定位問題。

第八，不要把大量時間花在整理厚厚的報告、彩色的小冊子，或是細化圓形分隔統計圖表和衰變分析上。

第九，該做記錄的時候一定要做好記錄。

第十，不要過多地相信媒體對你的目標公司的購買動機的宣傳。媒體經常誤導人。

第十一，要記住你是和某個或是某一群人工作的，而不是某個機構。當然，你代表

的是你們的公司，但是，進行產品陳述的是你而不是你的公司。因此，應當努力建立兩種人之間的關係，而不是兩個公司實體之間的關係。告訴你的潛在客戶是你要做這筆生意，而不是你的公司。

第十二，要找出購買你的產品或是服務的相關決策是如何制定的，或是購買相關產品的決策是如何制定的。

第十三，如果你與你的潛在客戶存在明顯的年齡差異，或者是你們在專業的其他方面也不盡相同，那麼他就不可能把你當成是平等的專業人士看待，這時候你就可以考慮和你的某個同事一起進行產品陳述。這種升級技術極其有效，特別是在你的潛在客戶需要你來幫助他打消疑慮時。

第十四，要瞄準高層。不要以為你不能向公司的高層人士進行你的產品陳述。即使這個人不直接參與你的產品或是服務的最終決策，他也是十分強大的聯盟。在你的目標公司裡努力從高層開始，以便從中找到「權力」人士。

第十五，你要記住，在面談階段就把價格問題提出來，這樣就可以減輕潛在客戶的很大壓力。

第十六，對於你的領域裡出現的共同異議要有心理上的準備，要警惕一些相同的障礙。

最後，也是最重要的是守信用，言必信，行必果。這樣客戶才會記住你，願意與你成交。

第七章 把握信號迅速成交

時機成熟時要主動出擊

成交是銷售的關鍵環節，即使客戶主動購買，而推銷員不主動提出成交要求，買賣也難以成交。因此，如何在時機成熟的時候主動出擊，掌握成交的主動權，積極促成交易，是推銷員必須面臨的一個重要問題。

「你也看到了，從各方面來看，我們的產品都比你原來使用的產品好得多。再說，你也試用過了，你感覺如何呢？」推銷員魯恩試圖讓他的客戶提出購買。

「你的產品確實不錯，但我還是要考慮一下。」客戶說。

「那麼你再考慮一下吧。」魯恩沒精打采地說道。

當他走出這位客戶的門口後，恰巧遇到了他的同事貝斯。

「不要進去了，我對他不抱什麼希望了。」

「怎麼能這樣，我們不應該說沒希望了。」

「那麼你去試試好了。」

貝斯滿懷信心地進去了，沒有幾分鐘時間，他就拿著簽好的合約出來了。面對驚異的魯恩，貝斯說：「其實，他已經跟你說了他對你的產品很滿意，你只要能掌握主動權，讓他按照我們的思路行動就行了。」

在客戶說商品很不錯時，就說明他很想購買產品，此時魯恩如果能再進一步，掌握成交主動權，及時、快速、主動提出成交請求，就能積極促成交易。面對這樣的客戶，銷售人員不要等到客戶先開口，而應該主動提出成交要求。

時機成熟時，要想順利成交，銷售人員要做到以下幾點：

首先，業務員要主動提出成交請求。許多業務員失敗的原因僅僅是因為沒有開口請求客戶訂貨。據調查，有71%的推銷員未能適時地提出成交要求。美國施樂公司前董事長彼得·麥克說：「推銷員失敗的主要原因是不要求簽單，不向客戶提出成交要求，就好像瞄準了目標卻沒有扣動扳機一樣。」

一些推銷員害怕提出成交要求後遭到客戶的拒絕。這種因擔心失敗而不敢提出成交要求的心理，使其一開始就失敗了。如果推銷員不能學會接受「不」這個答案，那麼他們將無所作為。

推銷員在推銷商談中若出現以下三種情況，可以直接向客戶提出成交請求：

1. 商談中客戶未提出異議

如果商談中客戶詢問了產品的各種性能和服務方法，推銷員在一一回答後，對方表示滿意，但沒有明確表示是否購買，這時推銷員就可以認為客戶心理上已認可了產品，應適時主動地向客戶提出成交。比如：「李廠長，你看若沒有什麼問題，我們就簽合約吧。」

2. 客戶的擔心被消除之後

商談過程中，客戶對商品表現出很大的興趣，只是還有所顧慮，當透過解釋解除其顧慮，取得其認同時，就可以迅速提出成交請求。如：「王經理，現在我們的問題都解決了，你打算訂多少貨？」

3. 客戶有意購買，只是拖延時間，不願先開口

此時為了增強客戶的購買信心，可以巧妙地利用請求成交法適當施加壓力，達到交易的目的。如：「先生，這批貨物美價廉，庫存已不多，趁早買吧，包你會滿意。」

其次，向客戶提出成交要求一定要充滿自信。美國十大推銷高手之一謝飛洛說：「自信具有傳染性，業務員有信心，會使客戶自己也覺得有信心。客戶有了信心，自然能迅速做出購買決策。如果業務員沒有信心，會使客戶產生疑慮，猶豫不決。」

最後，要堅持多次向客戶提出成交要求。美國一位超級推銷員根據自己的經驗指出，一次成交成功率為10%左右，他總是期待著透過2次、3次、4次、5次的努力來達成交易。據調查，推銷員每獲得一份訂單平均需要向客戶提出46次成交要求。

成交沒有捷徑，推銷員首先要主動出擊，引導成交的意向，不要寄希望於客戶主動提出成交。

捕捉客戶的肢體語言

著名的人類學家、現代非語言溝通首席研究員雷·伯德威斯特爾認為，在兩個人的談話或交流中，口頭傳遞的信號實際上還不到全部表達意思的35%，而其餘65%的信號必須透過非語言符號溝通傳遞。與口頭語言不同，人的身體語言表達大多是下意識的，是思想的真實反映。人可以「口是心非」，但不可以「身是心非」，據說，治安

機關使用的測謊儀就是根據這個原理。

以身體語言表達自己是一種本能，透過身體語言瞭解他人也是一種本能，是一種可以透過後天培養和學習得到的「直覺」。我們談某人「直覺」如何時，其實是指他解讀他人非語言暗示的能力。例如，在報告會上，如果台下聽眾耷拉著腦袋，雙臂交叉在胸前的話，臺上講演人的「直覺」就會告訴他，講的話沒有打動聽眾，必須換一個說法才能吸引聽眾。

小謝所任職的打字機公司店面生意不錯，從早上開門到現在已經賣出去好幾台了，當然小謝的功勞是很大的。此時又有一位顧客來詢問打字機的性能。他介紹道：「新投放市場的這類機型的打字機採用電動控制裝置，操作時按鍵非常輕巧，自動換行跳位，打字效率比從前提高了15％。」

他說到這裡略加停頓，靜觀顧客反應。當小謝發現顧客目光和表情已開始注視打字機時，他覺得進攻的途徑已經找到，可以按上述路子繼續談下去，而此時的論說重點在於把打字機的好處與顧客的切身利益綑綁。

於是，他緊接著說：「這種打字機不僅速度快，可以節省您的寶貴時間，而且售價比同類產品還略低一點！」

他再一次停下，專心注意對方的表情和反應。正在聽講的顧客顯然受到這番介紹的

觸動，臉上帶著沉思的意味，同時，手像是無意識地撫摸著打字機。

就在這時，小謝又發起了新一輪攻勢，此番他逼得更緊了，他用聊天話家常的口吻對顧客講道：「先生看起來可是個大忙人吧，有了這台打字機就像找到了一位好幫手，工作起來您再也不用擔心時間不夠了，下班時間也可以比以前早，這下您就有時間跟太太常在一起了。」小謝一席話說得對方眉開眼笑，開心不已。

案例中的小謝，就是這樣一步一步透過觀察客戶的反應，從而促成了交易。

因此，推銷員不僅要業務精通、口齒伶俐，還必須會察言觀色。一般情況下，客戶在產生購買欲望後，不會直接說出來，但是會透過行動、表情洩露出來。這就是客戶的肢體語言傳遞的成交信號。

最容易被忽視的則是客戶的肢體信號。客戶的部分心理活動都可以透過其肢體、表情的變化表現出來，精明的推銷員會依據對方的肢體語言、表情變化判斷對方是否對自己的話語有所反應，並積極採取措施達成交易。

肢體語言很多時候是不容易琢磨的，要想準確解讀出這些肢體信號，就要看你的觀察能力和經驗了。下面介紹一些銷售過程中常見的客戶肢體語言。

客戶表示感興趣的信號：

1. 微笑

真誠的微笑是喜悅的標誌，同時，人也用微笑來表示贊成，讓對方安心、打消顧慮，做出保證。

2.點頭

當你在講述產品的性能時，客戶透過點頭，以此表示認同。

3.眼神

當客戶以略帶微笑的眼神注視你時，表示他很讚賞你的表現。

4.雙臂環抱

我們都知道雙臂環抱是一種戒備的姿態。但是某些狀態下的雙臂環抱沒有任何惡意，比如，在陌生的環境裡，想放鬆一下，一般會坐在椅子裡，靠著椅背，雙臂會很自然地抱在一起。這說明你可能已經給客戶營造了一種輕鬆的氛圍，你們的談話是可以繼續下去的。

5.雙腿分開

研究表明，人們只有和家人、朋友在一起時，才會採取兩腿分開的身體語言。進行推銷時，你可以觀察一下客戶的坐姿，如果客戶的腿是分開的，說明客戶覺得輕鬆、愉快。

當引導出客戶的興趣時，我們就要更進一步促成交易，那麼，如果客戶有心購買，

他們的行為信號通常表現為：

1. 點頭。
2. 前傾，靠近銷售者。
3. 觸摸產品或訂單。
4. 查看樣品、說明書、廣告等。
5. 放鬆身體。
6. 不斷撫摸頭髮。
7. 摸鬍子或者捋鬍鬚。

上述動作，或表示客戶想重新考慮所推薦的產品，或是表示客戶購買決心已定。總之，都有可能是表示一種「基本接受」的態度。

當客戶有購買意向時，他會怎麼說

在溝通中，當客戶有心購買時，我們從他的語言中就可以得到判定。下面的例子是銷售員小張向客戶推薦整體解決方案時的一個案例，我們來看一下小張是怎樣在語言中捕捉到客戶購買信號的：

客戶：好極了，看起來正是我們想要的整體解決方案。

小張：這套方案的確非常適合你們。

客戶：如果發生了問題，你們真的會隨時上門維修嗎？

小張：當然，只要打一個電話。

客戶：以前我們總是擔心著供應商的服務，但現在我放心了。

小張：我們的服務堪稱一流，擁有行業內最大的售後服務隊伍。

客戶：這個我也知道了，而且價格也很合理。

小張：您放心吧，我們已經給出了最低的價格，還是找總經理特批的呢！

客戶：（沉默了一會兒）我們能簽合約嗎？

小張：（鬆了一口氣）太好了，我早準備好了。

從這個案例中我們可以看到，客戶透過自己的語言向小張發出了購買信號，明確表明了自己對這個方案的興趣和認同，同時，小張也把握住了時機，適時與此客戶簽訂合約，獲得了成功。那麼客戶會怎樣向我們傳達他們的購買信號呢？下面為大家列舉了客戶會發出購買信號的情況：

1. 當客戶對某一點表現出濃厚的興趣時，客戶發出的購買信號為：「能談談你們的產品是怎樣降低成本的嗎？」「你們的產品優勢在哪裡？」「能重新說一下嗎？我再認真思考一下。」

2. 當客戶很關心產品或服務的細節時，客戶發出的購買信號為：「這個產品的價格是多少？有折扣嗎？」「產品的品質怎麼樣？」「你們產品的保修期是多久？多長時間可以包換？」「什麼時候能交貨？」「如果我認為不滿意，那怎麼辦呢？」「不知道能否達到我的要求？」「讓我仔細考慮一下吧！」「你們以前都服務過哪些公司呢？」「有禮品贈送嗎？」

3. 當客戶不斷認同你的看法時，客戶發出的購買信號為：「對，你說得不錯，我們的確需要這方面的改善。」「對，我同意你的觀點。」「我也這麼想。」「聽我們××分公司的經理說，你們的課程確實不錯。」

4.當客戶保持沉默時。有時，當你和對方溝通了幾次後，關於產品或服務的很多細節都探討過了。這時，你可以提一些問題，如：「您還有哪些方面不太清楚呢？」「關於我們公司的專業能力方面您還有什麼不放心的地方嗎？」如果這時客戶保持沉默，沒有直接回答你的問題，這其實也是一個很好的促成機會，你應該果斷出手。

5.在回答或解決客戶的一個異議後，客戶發出的購買信號為：「你的回答我很滿意，但我覺得我還是需要考慮一下。」「在這方面我基本上對貴公司有了初步的瞭解。」「哦！原來是這樣的，我明白了。」

在溝通中，準確地把握時機是相當重要的。如果客戶沒有發出購買信號，說明你的工作還沒做到位，還應該進一步刺激而不宜過早地提出交易。

達成交易的時機在很大程度上取決於客戶的態度。如果客戶的態度變化趨向於積極的方面，往往就會發出一些購買信號。我們要善於捕捉客戶的購買信號，從而完成銷售工作。

促成成交的語言技巧

優秀的銷售員，不但要掌握銷售技巧而且還要掌握語言技巧，尤其是最後拍板定案的語言技能。語言技巧並不是指不停地說話，而是指與客戶有效地溝通，如何讓自己的每一句話都具有無限的含金量，如何在最後的一刻用幾句最具有決定性的話促成交易，這都是需要我們學習和鍛鍊的。

陳冬是百貨公司的副經理。一天，他看到售貨員和一位顧客在談論一款冰箱，便走過去說道：「這款冰箱很好，不是嗎？」

「我看並不見得很好。」那位婦女搖搖頭回答。

「怎麼，你認為這款冰箱不好，是嗎？這款冰箱是由全國一流的工程師聯合研製成功的，不管從外觀、容量和結構，還是從性能和效果方面來看，都是很好的。可是你認為這冰箱有哪些地方不協調呢？」

「這幾點倒還可以，只是不應該把那個圓圓的東西裝在頂上，那有多難看啊！」

「這你就不懂了，正是頂上那個圓蓋子，才使它看起來與眾不同。現在市面上的那

些冰箱都是方方正正的，太死板。說不定你買了這款冰箱回去，鄰家的太太見了一定羨慕不已，說你買了一台好冰箱呢！如果你買一台那種普通的冰箱回去，鄰居見了，也不覺得怎麼新奇，也許看一眼就忘掉了，不是嗎？」

陳冬說完就告辭離開了。這位婦女越想越覺得很有道理，於是便爽快地買了那款冰箱。

任何人都希望別人羨慕自己，對別人的認可在內心從不拒絕，這位婦女也一樣。陳冬正是抓住這一點，潛移默化地引導這位婦女進入他預先佈置好的語言陷阱，最後不知不覺地將冰箱銷售出去了。陳冬先是將冰箱的性能做了一番解釋，這是在闡述產品的硬體設備，之後最後一段話更是強調了冰箱給客戶帶來的軟性優勢，即冰箱與眾不同的設計外形。而在客戶已經對冰箱產生興趣和購買欲望的時候，最後這一點無疑是最有力的一擊。

那麼，對於最後成交這刻的語言技巧來說，我們需要學習哪些？注意哪些呢？

1. 有的問題，別直接回答

你對產品進行現場示範時，一位客戶發問：「這種產品的售價是多少？」

（1）直接回答：「150元。」

（2）反問：「你真的想要買嗎？」

（3）不正面回答價格問題，而是給客戶提出：「你要多少？」

如果你用第一種方法回答，客戶的反應很可能是：「讓我再考慮考慮。」如果以第二種方式回答，客戶的反應往往是：「不，我隨便問問。」第三種問話的用意在於幫助顧客下定決心，結束猶豫的局面，顧客一般在聽到這句話時，會說出他的真實想法，有利於我們的突破。

2.有的問題，別直接問

客戶常常有這樣的心理：「輕易改變生意，顯得自己很沒主見！」所以，要注意給客戶一個臺階。你不要生硬地問客戶這樣的問題：「你下定決心了嗎？」「你是買還是不買？」儘管客戶已經覺得這商品值得一買，但你如果這麼一問，出於自我保護，他很有可能一下子又退回到原來的立場上去了。

3.該沉默時就沉默

「你是喜歡甲產品，還是喜歡乙產品？」問完這句話，你就應該靜靜地坐在那兒，不要再說話——保持沉默。沉默技巧是推銷行業裡廣為人知的規則之一。你不要急著打破沉默，因為客戶正在思考和做決定，此時打斷他們的思路是不合適的。如果你先開口的話，那你就有失去交易的危險。所以，在客戶開口之前你一定要耐心地保持沉默。

把握成交速度

當我們已經到最後一個成交階段的時候，如果我們對於客戶成交信號的把握已經成熟，那麼，這個時候，就需要用最快的速度進行最後一擊。也就是說，我們要又快又準地擊垮客戶最後的猶豫，讓他/她能夠即刻做出成交的決定。

gigi是某家服裝店的一名導購人員。一天，一位年輕的女士來到服裝店試穿了一條絲質長裙，並對這款長裙表現出很強的購買欲望。這條絲質長裙價值將近1000元，在即將付款的時候，她拿著筆問gigi：「就這樣做決定，是不是太衝動了？」

gigi陷入了兩難的境地，如果承認顧客比較衝動，那麼是否意味著顧客應該深思熟慮一下呢？如果否認顧客這是衝動，這不是明顯與事實衝突嗎？gigi沉著地回答：「當然是衝動啦！哪個買這條長裙的人不衝動？這款長裙就是打動人！這位美女您是支付得起您的衝動，有多少人有這個衝動卻沒有能力支付。擁有這條長裙是一種有品味的衝動，喜歡才是真的，您說對嗎？」

顧客邊聽邊頻頻點頭，連連說「對」，毫不猶豫地付了款。

女性顧客問導購人員自己是否太衝動是典型的理性思維，當面臨決策時，尤其是如購買高價位產品的決策時，顧客難免會調動理性思考是否值得。

面對這種情況，銷售人員要做的就是發揮感性思維轉移顧客的理性思維，案例中的gigi便是這樣做的。這是典型的強化感性思維的策略，促使潛在顧客繼續使用感情思維思考，阻止顧客的理性進行系統的、邏輯的思維。透過強化顧客的感性思維來渲染一種氛圍，引導顧客決策，最後順利簽單。

現在，我們來看看這種促使顧客快速拍板的幾個技巧：

1 **把握住最合適的時間點。**

雖然我們已經能夠掌握住客戶的購買信號，但是，這並不說明我們就一定能夠說服客戶做決定。這需要我們在前期做出大量的引導，然後在時機成熟的時候，把握住最合適的時間點，完成最終的快速拍板。這個時候，一定要快，一定不能拖延，一定要精準。

2 **語言不要囉唆，要精確到每一句話。**

之所以很多人在推銷的時候最後錯過了最好的成交時機，或者說錯過了促成客戶的購買意圖，說話過於囉唆可能就是原因之一。銷售人員要做的事情就是用精練的語言告訴客戶自己的產品能夠滿足他哪方面的需求，但是，如果這些資訊過於重複、囉唆，就有可能帶來客戶情緒上的反感甚至是排斥。這樣，時間也被拖延了，而最終的目的也並

未達到。

需要注意的是，成交速度要快，並不意味著要過於急功近利。成交速度的「快」是有條件的，是需要有成熟儲備的，但是，如果一開始就十分明確地將自己「推銷」的目的表現出來，反而會讓客戶接受不了。「你買我賣」其實是一種潛在的對話，客戶也知道你賣產品是為了「銷售」，但是，如果在一開始為了更快地推銷給客戶，就表現出急躁的樣子，那麼客戶的購買意圖就有可能被削弱。

所以，在銷售過程中，發覺客戶已經有了購買的意願，我們就該抓住機會，抓緊時間開單促成交，將生米做成熟飯，以免客戶猶豫後悔。

使用煽動式催眠話法

催眠話法就是利用語言的暗示性，對客戶進行某種煽動。它不像舞臺式的催眠那樣，讓你在不知不覺中入睡，而是透過交談，讓對方進入一種更容易接受你影響的狀態。所以我們在平時的銷售工作中要多注意揣摩總結，用具有煽動性的、能引發顧客購買欲望的語言來將顧客催眠，進而讓其在不知不覺中做出購買決策。

在一個市集上，有個賣菜刀的攤販商人，正在手拿著他的商品——菜刀，對一些到市場購物的家庭主婦進行現場的推薦講解（以下文句的阿拉伯數字是表示催眠話法的句型代號）。

1.「這種菜刀，買過的人有沒有覺得不夠快、不夠利？或者只是剛磨過的時候切起來才快和利？」

2.「如果真的碰到這種事情，一定要毫不客氣地說出來。我絕對不會賣這種雜牌子切起來不快利的菜刀。」

3.「各位再看看，我用我賣的菜刀去削硬木的時候有沒有影響到這個菜刀的快、利呢？」（說著用菜刀切一塊木頭）

「您看，一點也不會傷到刀刃吧！」

4.「如果是切傷了刀刃，您可以拿個臭雞蛋來砸我。」

5.「這位小姐，您說是不是？」

「這麼快利的菜刀，簡直就像剃刀！」

「您看，只把菜刀從上面放下去，就能切掉東西。」（邊說邊用菜刀往蘿蔔上面落下，蘿蔔果然被切成兩半。）

6.「原價800元的菜刀，我現在只賣300元了。」

7.「上午以這個價格買過的人，很抱歉，請不要再買，把機會留給別人。」

8.「各位，我賣的菜刀可是地地道道的〇〇製造的菜刀，觸了就能切開，碰了也能切開。」

一位主婦被他的催眠話法給迷了魂，馬上情不自禁地說：「老闆，給我一把吧！」

9.他趁機又說：「各位，大家都聽到了吧，素質高的人就是不一樣啊，她不是說：『買一把』，而是說『給我一把』。光是聽到這種話就令人覺得，她是有福氣的人。」

10.「買了我的菜刀，一定會有好運氣，這是錯不了的事情。」

話說到這種程度，連那些原以為是普通菜刀的人，也不知不覺跟著別人付錢買了菜刀。

看完他的這些非常具有煽動性的銷售言語，我們不得不佩服這個小販的銷售功底。其實，他所使用的這些銷售話術正是「催眠話法」。

一般家庭的菜刀不快利，是因為沒有好好磨過。可是在1中，小販把原因歸結於菜刀本身，引發了主婦們的認同感。之後，他又用2的呼籲方式，觸發主婦們看個究竟的動機。接著，以3的方式加以證實。之後又以4和5把話題轉到6上，施展著折扣戰術，加深催眠的作用。用7的言語再次進行深度催眠。而後，又用8搬出製造菜刀的名廠品牌，強調權威效果。當有一位顧客購買的時候，他立即將之恭維了一番，把催眠效果發

揮到最高峰。最後，他再次以10做了一呼百應的引誘攻勢，引來了人們的紛紛購買。

實際上，催眠銷售自始至終都交織著各種催眠話法，以誘使顧客進行購買。他們的催眠技巧，來自真正洞悉人性的心理、長期的經驗，以及代代相傳的秘訣。他們的催眠話法，凝聚了當今很多銷售大師都無法匹敵的智慧。我們要仔細地揣摩學習，將之靈活運用到銷售實踐中來。

用重複來加強催眠效果

從心理學的角度來說，當我們在語言中不停重複某一個詞或者是某種意思的時候，其實就是一種暗示強化。這種方式的潛臺詞就是：快來注意，我正在強調某一個很重要的東西。同時，這種反覆強調的方式，也從潛意識裡給你的接受方一種暗示：我現在說的這種很重要的東西，對你來說也是很重要的。所以，這個被反覆強調的資訊就會出現一種很微妙的催眠效果。

將這個技巧運用於銷售時，就是客戶已經有明確的需求時，如果我們銷售員不使用一點技巧對他們的需求進行強化，我們就有可能在「順其自然」中錯過了一筆難得的交

易。所以，我們在已經探知到客戶需求的情況下，要進行有針對性的解說，並透過重複客戶的特定需求，形成一種催眠的效果，讓客戶的需求意識更加的清晰和強烈。我們來看看下面這個成功的案例。

銷售：「嗯，這麼說，你決定購買一款相機啦？」

客戶：「是，不過一定要全自動的。我想把它作為禮物送給女兒，她沒什麼機械頭腦，所以一定要是容易使用的。」（特定需求）

銷售：「容易使用——好的。那您的預算大概是多少呢？」（特定偵探問題）

客戶：「120鎊左右吧。」（特定需求）

銷售：「好的。我覺得富士DL－300型挺符合您的要求，目前特價只要95鎊，這是在您預算範圍內最容易（第一次強調）使用的相機，完全自動（第二次重複）。您女兒所要做的只是把膠捲放進主機殼後蓋再關上相機後蓋，然後就可以拍照了，就這麼簡單（第三次重複）。」

客戶：「嗯……」

銷售：「裝片十分容易（第四次重複），而且在膠捲拍完時，她只要推一下相機上的槓桿，相片就會自動（第五次重複）捲回，然後打開後蓋，就可取出膠捲了。」

客戶：「就這麼簡單？」

銷售：「就這麼簡單（第六次重複）！它是全自動（第七次重複）的，使用起來很簡單（第八次重複）。我再給您推薦兩卷最新的柯達100彩色膠捲吧。您需要今天送貨上門還是明天？」

客戶：「今天下午能到嗎？」

銷售：「當然。」

客戶：「好吧，就再帶上兩卷彩色膠捲吧。」

我們可以看到，案例中的銷售人員聽到客戶的特定需求是一架使用簡單的相機，於是他就為客戶描繪了一幅如何輕鬆使用該相機的情景，並將對方的特定需求重複了許多次。透過不斷重複「自動」和「使用簡單」這類詞語，銷售人員確保了客戶能記住那些最重要的幾點。

不過我們需要注意的是，在使用重複客戶需求這個技巧時要傾聽客戶的需求，然後要不時地重複這些特定需求。如果可能的話，在你重複要點時，要使用感性語言。

用想像力進行催眠

心理學研究，人類的想像力遠比意志力強上10倍。而人之所以會聯想及思考，是因為意識或潛意識受到刺激，這種刺激可以是很多種形式，比如視覺、聽覺、觸覺、味覺或嗅覺，甚至從餐廳裡飄出來的香味，也可以喚起你對於童年美好的回憶。

這個時候，我們可以利用一種假設成交的方法，就是先給客戶一幅成交的畫面，讓他想像已經購買了某產品或服務，而此產品或服務給他帶來多大好處。這就是假設成交真正的用處。假設成交的關鍵是你要為客戶創造一幅景象和畫面：他已經買了你的產品，帶來了什麼樣的好處和利益。

銷售人員：「李先生，你平時參加過這樣的培訓嗎？」

客戶：「參加過一個『生涯規劃』的培訓。」

銷售人員：「我們提供的培訓可以幫助、指導你未來30年的發展路線，你可以像看電腦的發展趨勢一樣看到你的收入、你的健康、你的人際關係等的發展趨勢。假如你可以透過這個課程完全掌控自己的整個人生過程和細節，透過你自己對這個課程的認識和

瞭解，幫助你實現重大的成長和跨越，你有沒有興趣想瞭解一下？」

客戶：「想。」

銷售人員：「李先生，想像一下，假如今天你參加了這樣一個課程，它可以幫助你建立更好的人際關係，幫助你更加清晰地明確一年的目標、5年的目標、10年的目標以及你今後要做的事情，幫助你的家庭和你的孩子變得更加舒適和安康，你覺得這樣好不好？」

客戶：「非常好！」

銷售人員：「所以，如果說你還沒有嘗試，你願不願花一點時間嘗試一下呢？」

客戶：「願意。」

銷售人員：「如果當你嘗試的時候，你發現它確實有用的話，你會不會堅持使用它呢？如果你堅持的話，會不會因為你的堅持而一天比一天更好呢？因為每天進步一點點是進步最快的方法，你說是不是？」

客戶：「是的。」

銷售人員：「所以，假如今天你來參加這3天的課程，有可能對你和你的家人都有幫助，是吧？」

客戶：「是的。這樣吧，你把申請表格給我傳真過來，我填一下。」

在這個案例中，這個銷售人員就充分引導客戶發揮了相應的想像力，讓客戶試想這樣的培訓為自己帶來的利益。其實，這種方式就是一種催眠技巧。

催眠有兩種基本型態，那就是母式催眠與父式催眠。所謂母式催眠就是用溫情去突破受術者的心理防線，也就是一種柔性攻勢；父式催眠就是以命令式的口吻發佈指示，讓你感到不可抗拒，而不得不臣服。在催眠過程中，常常根據不同的對象，或同一對象在不同的時間、地點、條件下選擇使用不同的催眠方式。

由此可見，如果在溝通過程中善用聯想指令，就能讓對方發生反應，並且對方會認為指令本就是他自己的想法。在銷售中，銷售員要善於觀察把握客戶內心深處真正想要的是什麼。在你銷售的每一件產品或服務中，都有一棵「開花的櫻桃樹」。也就是說，在你的產品或服務中有某一個東西或某一個點，一定是客戶真心想擁有的，是客戶潛意識中無法抗拒的。銷售員要做的，就是利用聯想指令，讓客戶確認自己心中所想，從而下定購買的決心。

銷售並不僅僅是一個職業，而是一種能力，一種魅力。催眠式銷售是一個優秀的銷售員必須掌握的銷售技巧，而聯想則是催眠銷售中最重要的應用元素之一。如果你知道怎麼樣有效地去利用刺激與聯想的作用，使客戶的潛意識受到強烈的震撼，你就能夠把握客戶的反應，進而提升你的銷售效能。

牽動客戶的情感

有時候，推銷員與客戶的溝通好像在「談戀愛」，能夠把戀愛技巧運用到銷售過程上的人一定是成功者。試想一下，如果推銷員與客戶一見面就大談商品、談生意，談些深邃難懂的理論，那他一定會失敗。因為客戶對推銷員的警戒是出於感情上的，要化解這種警戒，利用感情去感化效果會更好一些。

著名的空中巴士是法國、德國和英國等國合營的飛機製造公司，該公司生產的客機品質穩定、性能優良。但是，在19世紀70年代，公司剛剛成立時，外銷業務一時難以打開。為改變這種被動局面，公司決定招聘能人，將產品打入國際市場。貝爾那·拉第埃正是在這一背景下受聘於該公司的。

當時，正值石油危機，世界經濟衰退，各大航空公司都不景氣，飛機的外銷環境相當艱難。雖然如此，拉第埃還是挺身而出，決定大展身手。

拉第埃走馬上任遇到的第一個棘手問題是和印度航空公司的一筆交易。由於這筆生意未被印度政府批准，極有可能會落空。在這種情況下，拉第埃匆忙趕到新德里，並且

會見談判對手印航主席拉爾少將。

拉第埃到了新德里之後，幾次約將軍洽談，都未能如願。最後他總算找到了拉爾將軍。但他在電話裡隻字不提飛機合約的事，只是說：「我到加爾各答去，專程到新德里以私人名義來拜訪將軍閣下，只要10分鐘，我就滿足了。」拉爾勉勉強強地答應了。

秘書引著拉第埃走進將軍辦公室，板著臉囑咐說：「將軍很忙！請勿多占時間！」拉第埃心想：太冷漠了，看來生意十有八九要告吹。

「您好，拉第埃先生！」將軍出於禮貌伸出了手，想三言兩語把客人打發走。

「將軍閣下！您好！」拉第埃表情真摯、坦率地說，「我衷心向您表示謝意，感謝您對敝公司採取如此強硬的態度。」

將軍一時莫名其妙。

「因為您使我得到一個十分幸運的機會：在我過生日的這一天，又回到自己的出生地。」

「先生，您出生在印度嗎？」將軍微笑了。

「是的！」拉第埃打開了話匣子，「1929年3月4日，我出生在貴國名城加爾各答。當時，我的父親是法國歐爾公司駐印度代表。印度人民是好客的，我們全家的生活得到了很好的照顧。」

拉第埃娓娓動情地談了他對童年生活的美好回憶：「在我過3歲生日的時候，鄰居的一位印度老太太送我一件可愛的小玩具，我和印度小朋友一起乘坐在大象背上，度過了我一生中最幸福的一天。」

拉爾將軍被深深感動了，當即提出邀請說：「您能來印度過生日太好了，今天我想請您共進午餐，表示對您生日的祝賀。」

自然，午餐是在親切融洽的氣氛中進行的。

當拉第埃告別將軍時，這宗大買賣已經拍板成交了。

就像這個案例中的拉第埃，在非常被動的銷售背景下，面對警惕心理很強的對手，他採取了兩步走的策略。首先，他說：「是您使我有機會在我生日這一天又回到了我的出生地。」這句話既巧妙地讚美了對方，又引起了對方聽下去的興趣。接著，他介紹了自己的身世，解除了對方「反推銷」的警惕和抵抗心理，拉近了雙方的距離。

可以說，拉第埃的這次生意，是情感推銷的完美範例，他一連串的做法目的都是在影響客戶的情感，促使客戶在情感感知下做出購買決策。

可見，當推銷員在推銷過程中遇到類似問題時，不妨向拉第埃學習，用感情去感化客戶，獲得訂單。

適當地談談題外話

有些銷售人員總以為如果到客戶家中拜訪，就應該言簡意賅、直奔主題。為什麼要這麼做呢？原因如下：第一，節省了彼此的時間，讓客戶感覺自己是個珍惜時間的人；第二，認為如此提高了效率。但是，事情的真相真是如此嗎？

其實，這樣的做法多半會讓人反感，客戶會以為你和他只是業務關係，沒有人情味。當然，當他為了你的預約而守候半天時，你的直奔主題常常會令他覺得很不受用。

正確的做法是我們必須學會和客戶適當地談談題外話，這樣也更容易成功。所謂題外話就是說些圍繞客戶的家常話，如同一位關心他的老朋友一般，但不要涉及他的個人隱私。

林小艾是某化妝品公司的美容顧問，她也是位善於觀察的行家。一次，她要去拜訪一位在外企上班的張小姐。

那日，林小艾去的正好是張小姐剛剛裝修好的新家。張小姐的家佈置得十分古典，韻味十足，如詩如畫的環境無一不是向外人訴說女主人的品味與愛好。

林小艾看到了這一點，不著痕跡地詢問起她的每一件家飾的來歷，並表示出極大的讚賞。張小姐自然很開心地和她聊天，她們從家居的風格到風水，再到新女性的經濟獨立、人格獨立，天南地北談了兩個多小時，卻對化妝品隻字未提。

末了，張小姐一高興，買了許多昂貴的化妝品。此後，張小姐成為林小艾的老主顧，並為她介紹了不少新客戶。

一份難能可貴的客戶關係就由一次不經意的題外話開始。題外話看似簡單，實則非常有學問。這需要我們練就一雙火眼金睛，能迅速找到客戶的興趣點和令其驕傲的地方。

一名成績顯著的銷售代表這麼講述他的一次難忘的經歷：

有一次我和一位富商談生意。上午11點開始，持續了6小時，我們才出來放鬆一下，到咖啡館喝一杯咖啡。我的大腦真有點麻木了，那富商卻說：「時間好快，好像只談了5分鐘。」

第二天繼續，午餐以後開始，2點到6點。要不是富商的司機來提醒，我們可能要談到夜裡。再後來的一次，談我們的計畫只花了半小時，聽他的發跡史卻花了9個小時。他講自己如何赤手空拳打天下，從一無所有到創造一切，又怎樣在50歲時失去一切，又怎樣東山再起。他把想對人講的事都跟我說了，80歲的老人，到最後竟動了感情。

顯然，很多人只記得嘴巴而忘了耳朵。那次我只是用心去傾聽，用心去感受，結果

如何？他給50歲的女兒投了保，還給自己的生意保了10萬美元。

人們往往缺乏花半天時間去聽銷售人員滔滔不絕地介紹產品的耐心，相反，客戶願意花時間和那些關心其需要、問題、想法和感受的人在一起。基於這個原因，和客戶談談題外話，而不是一味地圍繞在「你買我賣」的話題上，這樣，往往才是客戶最容易接受、最難以察覺的策略。

應對客戶拒絕的七大心理對策

在銷售中遭到拒絕，對於一個銷售員來說是家常便飯、稀鬆平常的事情。但是，被拒絕不單是心裡不好受，還與經濟收入直接掛鉤，這就需要我們掌握一些必備的應對策略，化僵局為好棋。

1．客戶說：「沒興趣，不需要」

客戶說沒興趣、不需要是銷售員聽到的最多的拒絕語言，因為這幾乎是客戶的口頭禪。但這個口頭禪恰恰又是銷售人員讓客戶養成的，因為大部分銷售人員喜歡一來就推銷產品。對於來路不明、不熟悉的人和產品，客戶的第一反應肯定是不信任，所以很自

然地就以沒興趣、不需要為由拒絕了。建立信任是推銷的核心所在，無法贏得信任就無法推銷，沒有信任的話你說得越精彩，客戶的心理防禦就會越強。特別是誆騙虛假之詞更是少用為好，因為在成交之前，客戶對你說的每一句話都會抱著審視的態度，如果再加上不實之詞，其結果可想而知。

所以，避免此類拒絕最好的方式就是在最開始的時候盡一切可能增加和堅定顧客的信任度。無論是產品的品質、個人的態度、舉止、形象都要讓人覺得可靠。

2．**客戶說：「我現在很忙，以後再說吧」**

這種拒絕雖然出於好意，卻很難讓人琢磨透。有的是真的很忙，但大多數時候只是一個很溫柔的拒絕，不知道的人可能還會誤以為自己以後還有機會呢。對於這種拒絕，我們可以這麼說：「我知道，時間對於每個人來說都是非常寶貴的。這樣吧，為了節省時間，我們只花兩分鐘來談談這件事情。如果兩分鐘之後，您不感興趣，我立即出去，再也不打擾您了，可以嗎？」

3．**客戶說：「我們現在還沒有這個需求」**

社會在變化，需求也在不斷地變化。今天不需要，並不代表明天不需要；暫時不需要，不代表永遠不需要。所以有些需求是潛在的，關鍵在於你是否能把他沉睡的購買欲望給喚醒。有時候經常會存在這樣一種狀況，當你被人以「我們現在還沒有這個需求」

拒絕之後，第二天卻發現這個客戶竟然在另外一家公司購買了同樣的產品。

心理學家在分析一個人是否購買某一商品時得出了這麼一個結論：人們的購買動機通常有兩個，一個是購買時這個產品能給自己帶來怎樣的快樂享受；另一個是如果不購買自己會遭受怎樣的損失和痛苦。將這兩個動機攻破了，客戶的拒絕碉堡也就自然攻破了。

4．客戶說：「我們已經有其他供應商了」

當客戶告訴銷售人員「我們已經有其他的供應商了」，這往往是真實的情況。但這並不意味著銷售員就完全沒有機會了，恰恰相反，銷售員還有很多的機會。因為當客戶正在使用其他供應商提供的某一產品時，正好說明這個客戶已經認可了這個產品。這樣就不用我們的銷售員花時間來反覆陳述某一產品能給客戶帶來怎樣的好處，而只需很巧妙地告訴客戶自己的產品與客戶正在使用的產品存在哪些差異，而這些差異又會給他帶來怎樣的好處，最後讓客戶自己去權衡。一家企業在考慮與誰合作的時候，考慮最多的還是利益。如果銷售員非常自信自己的產品較之客戶正在使用的產品更有優勢的話，那麼自己就隨時有機會取代客戶現有的供應商。

5．客戶說：「你們都是騙子」

當客戶說這句話的時候，銷售員也別先惱，這說明客戶曾經受到過傷害。一朝被蛇

咬，十年怕井繩，曾經的陰影讓他們太刻骨銘心了。如果這個心結不打開的話，想把類似的產品銷售給他幾乎是不可能的事情。但是這並不等於這個客戶不需要此類產品。在這種情況下，銷售員可以試著和他一起找原因，如果是銷售員的原因，就真誠地向客戶道歉，必要時適當補償對方的損失。只要對方的心結打開了，生意也就可以繼續了。

6．客戶說：「你們的產品沒什麼效果」

客戶這麼說的話，實際上已經否定了銷售員的產品，並將此類銷售打入「黑名單」。這個問題有些棘手。銷售員必須站在客戶的立場考慮問題，在第一時間內承認錯誤，並積極地尋找問題的根源。讓客戶明白自己的公司已經今非昔比，過去的不代表現在，並想辦法解決這個問題。

7．客戶說：「你們的價格太高了」

客戶說這樣的話，嚴格來說還談不上是一種拒絕，這實際上是一種積極的信號。因為這意味著在客戶眼裡，除了「價格太高」之外，客戶實際上已經接受了除這個因素之外的其他各個方面。

這個時候，立即與客戶爭辯或者一味降價都是十分不理智的。銷售員需要及時告訴客戶自己馬上與上司商量，儘量爭取給一個優惠的價格，但暗示有困難。等再次與客戶聯繫的時候，再告訴客戶降價的結果來之不易。降價的幅度不需要太大，但要讓客戶感

覺到利潤的空間真的很小，銷售方已經到了沒有錢賺的地步。或者詢問客戶與哪類產品比較後才覺得價格高，因為有很多客戶經常拿不出同一個層次的產品進行比較。透過比較，讓客戶明白一分錢一分貨的道理，最終願意為高品質的產品和服務多付一些錢。

百分之百的客戶都喜歡佔便宜

每到節假日或特殊的日子，商場、超市等各大賣場都會不約而同地打出打折促銷的旗號，以吸引更多的客戶前來消費，而折扣越低的店面前面，人潮也就越多。很多人明明知道這是商家的一種促銷手段，但依然爭先恐後雀躍前往，以求買到比平時便宜的商品，這是為什麼？

愛佔便宜是人們比較常見的一種心理傾向，在日常生活中，物美價廉永遠是大多數客戶追求的目標，很少聽到有人說「我就是喜歡花更多的錢買同樣多的東西」，用少量的錢買更多更好的商品才是大多數人的消費態度。

我們不妨看一個案例：

一位顧客在逛超市時發現一個讓他百思不得其解的現象，某知名品牌正在促銷洗衣

粉，然而一袋500克洗衣粉的價格是7.9元，而兩袋的價格是17元。也就是說，顧客一次買兩袋還沒有買一袋划算。他以為自己是看錯了，就叫來銷售人員詢問，銷售員明確無誤地告訴他，這是上面統一下來的價格，是不會出錯的，全國都一樣。

經過和其他品牌洗衣粉價格進行比較，這位顧客判定，一袋的價格是標錯了，價格肯定是大於8.5元的，他立即決定買一袋回家。他相信，用不了多久，單袋的價格就會調整。

回到家後他將自己在超市看到的奇怪現象告訴了左鄰右舍，大家都紛紛前來超市觀看，也一致認同這位顧客的判斷：單袋的價格肯定會提高，要不那兩袋包裝在一起的怎麼能是促銷呢？他們在離開超市時都各自買了一袋洗衣粉回家，有的人甚至買了幾袋。

過了一周，價格依然沒被改正過來。最早發現這個現象的那位顧客開始懷疑自己當初的判斷：作為全國知名品牌，肯定是有著嚴格的價格管理制度的，這麼長時間過去了，還沒調整過來，那只能說明自己的判斷是有問題的，也許這個價格的背後隱藏有其他陰謀。

他花了一天的時間來觀察這款洗衣粉的銷售，前來購買的人絡繹不絕，大家都認為這是標錯的價格，現在購買一袋是占了便宜的。這下讓他徹底明白：原來企業就是要讓顧客來產生佔便宜心理，最終使銷售量得到增長。看來真是買的沒有賣的精。

顧客愛的不一定是便宜，但一定會愛佔便宜。愛佔便宜的這種心理是一種天生的趨利避害，因為大家認為，用最小的投資獲得最大的回報是一件能夠有利於自己的事情。當然，也並不是越便宜越好，這裡還存在著一個性價比的問題。也就是客戶其實是不想一分錢買到一分錢的產品，而是希望一分錢能夠買到兩分錢甚至更多價格的產品。所以，雖然也有很多客戶總是說「便宜沒好貨」，以此為理由不需要銷售人員的產品推薦，並不是因為客戶真的不喜歡「便宜貨」，而是因為這個便宜貨的「性價比」還沒有達到他的理想目標。

所以，面對這類客戶，銷售員就是利用這種佔便宜的心理，透過一些方式讓客戶感覺自己占到了很大的便宜，從而心甘情願地購買。對於愛佔便宜型的顧客，只有善加利用其佔便宜心理，使用價格的懸殊對比或者數量對比進行銷售。佔便宜型的客戶心理其實非常簡單，只要他認為自己占到了便宜，他就會選擇成交。

利用價格的懸殊差距雖然能對銷售結果產生很好的效果，但多少有一些欺騙客戶的嫌疑，所以，在使用的過程中一定要牢記一點：銷售的原則一定是能夠幫助到客戶，滿足客戶對產品的需求。做到既要滿足客戶的心理，又要確保客戶得到實實在在的實惠。這樣才能避免客戶在知道真相後的氣憤和受傷，保持和客戶長久的合作關係，實現雙贏結果。

客戶總是在維護自己的利益

從事銷售工作的人是否曾經思考過，你們銷售的是產品，還是產品帶給顧客的好處呢？我們通常都認為自己向顧客推銷的是產品，衣服、領帶、化妝品、廣告、軟體……卻忽略了顧客需要的不是這些產品，顧客真正需要的是產品帶給他們的好處。所以，在進行銷售的時候，最關鍵的是要向客戶展示產品能為他們帶來哪些好處。因為，所有客戶第一關注和維護的，自然都是自己的利益，是你作為一個銷售人員能夠給他／她帶來的好處。

清楚了客戶的這一特點，你就應該採取相應的應對措施。根據對實際銷售行為的觀察和統計研究，60％的銷售人員經常將特點與好處混為一談，無法清楚地區分；50％的銷售人員在做銷售陳述或者說服銷售的時候不知道強調產品的好處。銷售人員必須清楚地瞭解特點與好處的區別，這一點在進行銷售陳述和說服銷售的時候十分重要。

那麼銷售中強調的好處都有哪些呢？

1. 幫助顧客省錢。這一點的好處自然是毋庸置疑的。

2.幫助顧客賺錢。假如我們能提供一套產品幫助顧客賺錢，當顧客真正瞭解後，他就會購買。

3.幫助顧客節省時間。效率就是生命，時間就是金錢，如果我們開發一種產品可以幫顧客節省時間，顧客也會非常喜歡。

4.安全感。顧客買航空保險，不是買的那張保單，買的是一種對他的家人、他自己的安全感。

5.地位的象徵。一只百達翡麗手錶拍賣價700萬，從一只手錶的功用價值看，實在不值得花費，但還是有顧客選擇它，那是因為它獨特、稀少，能給人一種地位的象徵。

6.健康。市面上有各種滋補保健的藥品，就是抓住了人類害怕病痛死亡的天性，所以當顧客相信你的產品能幫他解決此類問題時，他也就有了此類需求。

7.方便、舒適。人們對生活的要求越來越高，尤其是在物質基礎得到滿足的時候，人們對便捷、舒適的生活就有了更大的嚮往。

銷售人員要想確切地介紹出產品的好處，還要從以下幾個方面做起：

1.清楚認識自己的產品。訓練有素的銷售人員能夠清楚地知道自己的產品究竟在哪些方面具備優良性能，十分熟練地掌握產品的特徵可提供的利益。

2.瞭解客戶的關注點。與客戶交往中，最難判斷的是他們的關注點或利益點，只有

找到他們的關注點才能針對需求進行推銷。一個好的推銷員應該首先弄清楚客戶關注什麼。要想清楚明瞭客戶的需求，就需要透過提問、回答反覆深入地瞭解客戶的真實想法，從而給出客戶最需要的購買建議，完成銷售。

3. 主動展示產品的好處。銷售人員直接告訴消費者他們接受產品或促銷計畫所能獲得的好處，當好處能滿足該客戶的需要時，他多半會同意購買產品或接受提議。

4. 運用各種方法強調好處。其中包括品質、味道、包裝、顏色、大小、市場佔有率、外觀、配方、成本、製作程序等，使客戶有種豁然開朗的感覺——我就是想要這樣的東西，這樣，你離成功就只有一步之遙了。

沒有顧客願意捨近求遠

顧客在消費時有時會捨近求遠，但這種消費一般都是很重要的消費，比如買高檔時裝、車或珠寶。如果僅僅是購買日常生活所需品，沒有顧客願意捨近求遠。

我們以7-11便利店為例。7-11店鋪遍佈多個國家和地區，全球店面數目逾3萬家，是全球最大連鎖店體系。但這家店鋪一開始並不是一個百貨店。它原本是一家專門銷售冰塊的公司，但是因為周圍的居民對該公司要求越來越多，比如能否買到麵包、優酪乳啊什麼的，公司覺得這也不錯，乾脆就順著消費者的要求做了下去。

便利店能否生存的第一條件就是方便性，可以說這是一個便利店充滿生命力的原因所在。每日24小時通宵營業即為便利店的主打。隨著人們生活的不斷需要，便利店的服務範圍也在不斷擴大，現在的便利店集日雜百貨、代收水電費、郵遞等業務於一體。

7-11能夠成功的原因就在於它與眾不同的行銷概念。它做了反常規的經營手法。它沒有像其他小店一樣，從生產商的角度來組織店鋪，而是以顧客為中心來開店和調整商品種類。我們看不到7-11有什麼特別的地方，而且價格並不便宜，甚至還可以說比其他小店

貴得多。但是因為它在為消費者提供便利這方面做得非常之好，所以每日客源不斷。

7-11在店址的選擇上最根本的出發點就是便捷，即在消費者日常生活行動範圍內開設店鋪，如距離生活區較近的地方、上班或上學的途中、停車場、辦公室或學校附近等。任何地方都有位置優劣之分，7-11要讓店鋪在最優位置生根。如有紅綠燈的地方，越過紅綠燈的位置最佳，它便於顧客進入；有車站的地方，車站下方的位置最好，來往顧客購物方便；有斜坡的地方，坡上比坡下好，因為坡下行人較快，不易引起注意。7-11還儘量避免在道路狹窄處、小停車場、人口稀少處及建築物狹長等地建店。

7-11推行的是24小時營業制度，因為根據店鋪地點的不同，每家店鋪的黃金營業時間也不同。比如靠近公司周邊的7-11，每天早晨和中午是一天的黃金時段。期間會有大量的白領到7-11來買便當和飲料。靠近居民區的7-11，夜間往往是黃金時段，因為很多大城市加班的白領都是在回家途中的便利店購買食物。

7-11充分發揮了人無我有，人有我全的原則，一切以顧客的需求為中心，處處從消費者群體的購物習慣和消費嗜好出發，考慮到顧客站著購物不易看到下層商品的實際，將貨架下層擺放醒目讓顧客一目了然。根據單身一族的生活習慣，7-11貼心地推出了飯糰、各種便當、各種生活用品等適銷對路商品。將便利店完全融入顧客的「生活情景」中，讓貨櫃上的商品「自然地」向顧客招手。

從7-11這個成功的案例中我們可以發現，在小店的經營理念中，價格便宜固然重要，但是方便顧客更為重要。如何把顧客的需要自動送入他的視線之中，為他們提供最大限度的便利，才是銷售人員最需要重視的問題。沒有客戶願意捨近求遠，那是因為人天生的惰性，尤其是消費水準並不會過低的白領以上階級，這類群眾的定位就更是應該以便捷性為主。這部分群眾會認為，將時間用在更有價值的事情上比去一個更遠更隱蔽的地方購物更重要。

職場生活

01	公司就是我的家	王寶瑩	定價：240元
02	改變一生的156個小習慣	憨氏	定價：230元
03	職場新人教戰手冊	魏一龍	定價：240元
04	面試聖經	Rock Forward	定價：350元
05	世界頂級CEO的商道智慧	葉光森 劉紅強	定價：280元
06	在公司這些事，沒有人會教你	魏成晉	定價：230元
07	上學時不知，畢業後要懂	賈 宇	定價：260元
08	在公司這樣做討人喜歡	大川修一	定價：250元
09	一流人絕不做二流事	陳宏威	定價：260元
10	聰明女孩的職場聖經	李娜	定價： 220元
11	像貓一樣生活，像狗一樣工作	任悅	定價：320元
12	小業務創大財富—直銷致富	鄭鴻	定價：240元
13	跑業務的第一本Sales Key	趙建國	定價：240元
14	直銷寓言--激勵自己再次奮發的寓言故事	鄭鴻	定價：240元
15	日本經營之神松下幸之助的經營智慧	大川修一	定價：220元
16	世界推銷大師實戰實錄	大川修一	定價：240元
17	上班那檔事--職場中的讀心術	劉鵬飛	定價：280元
18	一切成功始於銷售	鄭鴻	定價：240元
19	職來職往--如何找份好工作	耿文國	定價：250元
20	世界上最偉大的推銷員	曼尼斯	定價：240元
21	畢業5年決定你一生的成敗	賈司丁	定價：260元
22	我富有，因爲我這麼做	張俊杰	定價：260元
23	搞定自己 搞定別人	張家名	定價：260元
24	銷售攻心術	王擁軍	定價：220元
25	給大學生的10項建議： 祖克柏創業心得分享	張樂	定價：300元
26	給菁英的24堂心理課	李娜	定價：280元
27	20幾歲定好位；30幾歲有地位	姜文波	定價：280元
28	不怕被拒絕：銷售新人成長雞湯	鄭鴻	定價：280元

身心靈成長

01	心靈導師帶來的36堂靈性覺醒課	姜波	定價：300元
02	內向革命-心靈導師A.H.阿瑪斯的心靈語錄	姜波	定價：280元
03	生死講座——與智者一起聊生死	姜波	定價：280元
04	圓滿人生不等待	姜波	定價：240元
05	看得開放得下——本煥長老最後的啓示	淨因	定價：300元
06	安頓身心--喚醒內心最美好的感覺	麥克羅	定價：280元
07	捨不得 捨得是一種用金錢買不到的獲得	檸檬公爵	定價：260元
08	放不開--你爲什麼不想放過自己？	檸檬公爵	定價：260元

世界菁英

01	拿破崙全傳：世界在我的馬背上	艾米爾路德維希	定價：320元
02	曼德拉傳：風雨中的自由鬥士	謝東	定價：350元
03	朴槿惠傳：只要不絕望，就會有希望	吳碩	定價：350元
04	柴契爾夫人傳：英國政壇鐵娘子	穆青	定價：350元
05	梅克爾傳：德國第一位女總理	王強	定價：350元
06	普京傳：還你一個奇蹟般的俄羅斯	謝東	定價：420元

商海巨擘

01	台灣首富郭台銘生意經	穆志濱	定價：280元
02	投資大師巴菲特生意經	王寶瑩	定價：280元
03	企業教父柳傳志生意經	王福振	定價：280元
04	華人首富李嘉誠生意經	禾　田	定價：280元
05	贏在中國李開復生意經	喬政輝	定價：280元
06	阿里巴巴馬　雲生意經	林雪花	定價：280元
07	海爾巨人張瑞敏生意經	田　文	定價：280元
08	中國地產大鱷潘石屹生意經	王寶瑩	定價：280元

歷史中國

01	大清的崛起	任吉東	定價：240元
02	大明的崛起	沈一民	定價：240元

國家圖書館出版品預行編目資料

不怕被拒絕 ： 銷售新人成長雞湯 / 鄭 鴻 著

一 版.-- 臺北市 :廣達文化, 2014.8

; 公分. -- （文經閣）(職場生活：28）

ISBN 978-957-713-553-7 (平裝)

1.銷售

496.5 102012966

不怕被拒絕：銷售新人成長雞湯

榮譽出版：文經閣

叢書別：職場生活 28

作者：鄭鴻 著
出版者：廣達文化事業有限公司
Quanta Association Cultural Enterprises Co. Ltd
發行所：臺北市信義區中坡南路 287 號 4 樓
電話：27283588　傳真：27264126　E-mail：*siraviko@seed.net.tw*

印　刷：卡樂印刷排版公司　裝　訂：秉成裝訂有限公司

代理行銷：創智文化有限公司
23674 新北市土城區忠承路 89 號 6 樓　電話：02-2268-3489　傳真：02-2269-6560

CVS 代理：美璟文化有限公司
電話：02-27239968　傳真：27239668

一版一刷：2014 年 8 月

定　價：280 元

書山有路勤為徑

學海無崖苦作舟

文經閣

書山有路勤為徑

學海無崖苦作舟